老空间 心设计

从理念经营
风格设计
修缮到布置的
老宅新活力

张素雯 李昭融 李佳芳 著

Adward Tsai Te-Hua 摄影

南海出版公司

I

Case Study 老宅翻新20＋

看风格、看设计、看经营、看修缮、看布置

新经典文化有限公司
www.readinglife.com
出　品

老空间
心设计

II

老宅翻新 Workbook

Must Know & Don't Do Tips

20颗绿色的文化种子，开始旅行！

I

Case Study 老宅翻新 20 +

看风格、看设计、看经营、看修缮、看布置

如果让你选择，你是想住在一栋老宅里，还是一栋新房子里？

考虑到居住的舒适性、便利性与维修问题，也许大部分人都会选择后者吧。但是，有一群人却宁愿花上大笔的整修费用（甚至房子只是暂时租来的），只为了能体验在老房子里生活的单纯感受。

为了让老建筑因人气而重现活力，商业活动被带入老房子中。饭店、民宿、咖啡厅、酒吧、画廊，甚至是美发沙龙，根据不同的使用方式，老宅也进行了不同的翻修；店主投入了创意，老房子以新面目示人；各式设计让老宅重新与人们的日常生活产生交集，而属于老房子的记忆与故事，也在这里被重新寻回与讲述。

在这20个老宅翻新的案例中，让人兴奋的不仅是每栋房子在新旧融合间的巧妙创意，让人珍惜的也不只是一栋老房子又得以在历史中走上一段路程。这其中最让人感动的是，在新观念与老建筑的跨时空对话中，这群年轻人投入的单纯热情，让我们看到了清新的理想与高度的实践能力，也看到了传承文化的可能性。

创意的可贵在于它独特的思考方式，在于它可以触动人心。这样的"心"设计让老宅重生，为单一的城市景观增加了一个惊喜、特殊的风景。可以深入探索，可以细细品味，可以停驻沉淀，也提供了一个机会让我们去好好思考、回首看看自己的老宅。

这20个案例就像一把绿色的种子，永续概念的文化精神经由参与的人携带、传递。但它还需要更多养分和"心"的挹注，才能生根发芽、茁壮成长——而这，也少不了你一颗心的投入。

A 日式老宅 The Island   **01**

二条通·绿岛小夜曲

在当代语境中啜饮老建筑的芬芳年华

老宅是一个
很好的朋友，
你好好地对待它，
它也会回馈你很多东西。

台北　　房龄 **86** 年

（店主）钟永男

身为建筑师的店主，亲手将这栋日式老宅打造成工作与梦想结合的实验场，一楼是咖啡店，二楼则是建筑事务所的办公室。利用现代设计手法翻修这栋八十多年历史的老建筑，既保有了老宅的建筑基础，又赋予它崭新的外貌，让更多的人能体验到老宅的生活风味。text : 张素雯　photo : Adward Tsai Te-Hua

〔二条通·绿岛小夜曲〕 📠 台北市中山北路1段33巷1号　☎ （02）2531－4594　🕐 周二至周五：12：00－21：00 ／周六：10：00－21：00 ／周日：10：00－18：00 ／周一休　🆆 theisland.tw

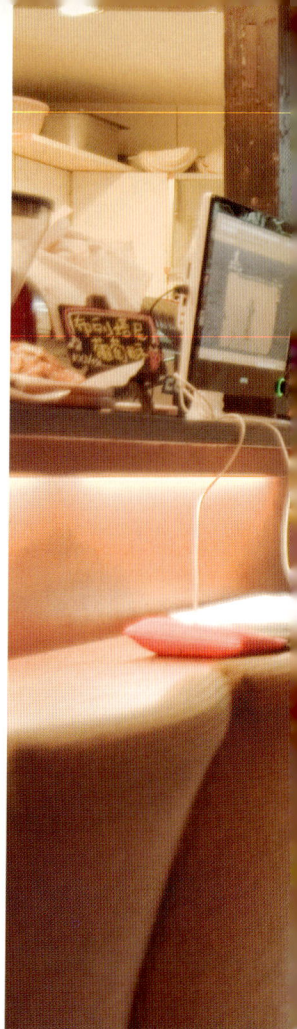

——傍晚的阳光透过敞开的玻璃门窗，斜斜地照进室内，树影也随着微风一同溜进这家小店里。咖啡色外观的木结构日式建筑，散发着优雅、成熟的魅力，身形却又充满现代感的利落、自信，静静地坐落在台北最有故事的街区里。

二条通·绿岛小夜曲咖啡店位于台北中山北路二条通入口。从一条通到九条通的这个街区，曾经是台北重要的高级住宅区。这里最初的房主是一位名为佐佐木八二郎的日本摄影师，他的摄影馆就位于二条通巷口的三角窗，而这栋房子则作为住宅。

这栋两层楼的木结构房舍，样式接近京都的街屋，是这条街上仅存的老建筑。日侨撤离后，几十年来先是作为官员的宿舍，但在回收后就被弃置了，直到数年前由建筑师钟永男购入，翻修以拾回老宅的价值。

人，让老建筑活起来

开咖啡店是许多设计师的梦想，因为它可以实现设计师追求的美感价值，将个人的生活理念付诸实践，同时还可以与他人分享。钟永男也有这样的梦想。身为建筑师，他接过许多历史建筑再利用的设计案例，积累了约十年的老宅整修经验，处理过不少老房子，也因此对老房子充满了感情，积累了一些想法。原本他只是想要一个办公空间，遇到这栋老房子后又再度

Q：翻新老宅花费的费用和时间？

A：大约用了两三个月进行翻修，因为并非按照古迹修复的传统方法翻新，花费仅用了两百多万台币。但施工前花了非常长的时间调查，翻修老房子一定要做好全面的调查与评估，比如结构系统与损坏虫蛀的状况，还要定下修缮的工艺。另外也调查了建筑的历史。

（1）66平方米左右的室内空间，不宽，但纵深很长，房子中间还有一个天井，让深邃的屋内也有透亮的光。（2）从透明的梯形天井向上望，可以看到外曲古朴的日式房瓦。

2

3

（3）舒适的环境让老宅成为一个可以让人接近体验的地方。

（4）围墙与外墙的线条，以含蓄的现代感重新诠释老宅。

4

A：老房子第一个问题就是原来的设备老旧，需要改良水电管线与排水系统。第二个问题是，虽然事先都做了调查，但维修中常常会出现意外的状况，因此要边翻新边设计。另外，顺应营业空间的需求，必须敲掉一部分墙面，但要注意结构墙面的强度，施工上须对此进行补强。

萌发了开咖啡店的想法。"大概是帮其他人修了太多的木造老房子，于是就产生了这样的因缘。"他说。

这栋老宅拥有建筑事务所办公室与咖啡店营业场所两种使用目的，正符合需求。咖啡店二条通·绿岛小夜曲位于一楼，而它其实又像是二楼事务所的客厅。钟永男开咖啡店还有另一个原因，就是将这栋特别的老建筑向外人开放。毕竟进出事务所的人不多，而且更难得的是，能在二条通内保存这样一个历史空间。"都市变迁、年代转变，老宅像是被遗忘、丢弃在此处，所以我就把它整理整理，一是可以省房租，二是可以玩一玩咖啡厅，三还可以让更多的人进来感受老房子。"后来咖啡店又增加了展览、音乐与讲座等活动，让这里不只是单纯的咖啡店，还成为一个文化活动与文化交流的空间。"开咖啡店只是一个手段，重点是要让这里重现生机。"

老肉新皮的保养之道

作为老建筑的整修专家，钟永男在规划开店时，首先关心的自然是老房子的结构。建筑团队在翻修前就做好了调查工作，从天花板、墙身到地板，先拆下部分构件来检查保存状况，评估是否值得修整或需要直接更换。和历史古迹的修复不同，私有老宅因为不受古迹保护相关规定的约束，在翻修上拥有更大的自由。钟永男认为，再利用必须符合需求，不要为了保存而使之成为危楼，一定要细细拿捏分寸。在翻修过程中，除了维修屋体之外，改变使用目的对建筑结构的影响更大。比如这栋房子原来是宿舍，有很多隔间，但现在改为咖啡店，就必须敲掉局部墙面，制造出连贯的公共空间。

这栋建筑本身的保存状况不佳，柱梁腐烂得十分严重，不能像传统修复老建筑一样使用抽换的方式修复，而且四周紧邻其他房屋，也无法拆除重建。考虑到多种因素，建筑团队决定以"第二层结构系统"的设计概念来翻修老房子——在原来的柱子处增加一根钢柱支撑，有梁的地方就增加一根梁，最后再以室内设计的装饰手法包覆这些结构。"保持老的骨肉，换一张新的皮。"钟永男解释道。

现代设计与历史的合音

作为一位现代设计师，他没忘记要赋予老建筑一种当代思维，更没有忽略除空间外构成咖啡店的重要元素是舒适与放松。为了制造舒适感，他在传统木结构中加入了现代的设计元素，用属于现代的线条、颜色和材质与古老的建筑交融，产生一种亦古亦今的绝妙氛围。

为了不让咖啡店的整体风格显得太古意，他从日本传统建筑中常见的木栅条中吸取设计元素，赋予它现代的线条比例与质感，统一整个建筑内外的风格调性。如在外观上，屋檐部分就运用了很多线条的设计，室内墙面的壁龛中间也以木条包住原来的旧墙面——它是线条，却也是一个面，同时又有一种穿透的效果，在遮丑的同时也让人看到原来的历史旧貌。

从事老建筑翻修多年的钟永男，在此之前也没有机会住在老宅中，亲自接触后才发现这样的经验很特别。对他来说，老宅是一种感情，是人与物、人与时间、人与空间的感情综合体。虽然这样的东西不贵重，也并不豪华，但这种氛围很温暖、更值钱。"老宅可以是一个很好的朋友，它的氛围是朴直的、安静的、亲切的，你好好对待它，它也会回馈给你一些东西。"

Q：挑选了哪些对象用于塑造店内风格？

A：家具、灯具都是现代的设计产品，主要的要求是舒适。如日式风的吊灯让空间有温暖感，餐椅则配有软垫，让人久坐时不会感觉不适。

5

（5）二楼建筑事务所的办公区，墙面被书架占据，新的书架与原始的柱子和谐相容。（6）二楼可以看到坚实的木梁，一层层木头叠上房顶，以及以螺栓搭接的和式屋架。（7）通往二楼的木梯，连接了跨越两层楼的大书架，在作为通道的同时，也增加了空间的趣味性。（8）二楼的阳台是员工的秘密休憩处，大片的窗户为室内的办公环境引入自然舒适的阳光。

6

7

8

滴咖啡

木制玻璃屋里的迷人香气

老宅非常稀有，
它代表了年代的传承，
更是强烈的形象识别符号。

台北　房龄 **57** 年

（店主）David　（店员）咏雅

经过新生南路时，来往的行人总会被一栋小小的玻璃斜顶平房吸引驻足。滴咖啡，这座将旧时木结构建筑改建成玻璃屋的咖啡厅，在深色木头与清透玻璃的视角中，找到了咖啡香味的原点。 text：李昭融　photo：Adward Tsai Te-Hua

〔滴咖啡〕 ☞ 台北市新生南路三段76巷1号 ☎（02）2368－4222 🕐 周一至周日：11:00－24:00 Ⓦ www.drop.com.tw

——这栋静静伫立在台湾大学校园对街的咖啡厅，以一种昂然的姿态，注视着来来往往的人。干净的落地玻璃窗映照出滴咖啡里面的忙碌，也成了城市里惬意的一隅。这间透明的玻璃屋默默改变了这片区域的都市样貌，海明威的名作《流动的盛宴》或许最能够形容滴咖啡的景致，在落地窗与镜子的映照下，室内与室外的隔阂消弭了，悠然自得的气氛流淌其中。

滴咖啡坐落在学术气息浓厚的台大校区旁，其实前身为台大教授的宿舍，而店主David原来是在新生南路附近经营咖啡厅，从许多台大师生的谈论中得知旧宿舍招标的消息。之前的咖啡厅坐落在普通的公寓里，David正好想换个场所，于是找来台湾仲观设计有限公司的苏玉芬小姐设计竞标图，赢得招标后，便开始了与老宅的不解之缘。

木制的感动

David将设计全权交给专业的苏小姐，唯想保留房子的木结构。"已经很少能在马路旁看到木结构的房子，这种深色的老木头更令人印象深刻。"像滴咖啡这种被称为衍梁结构的斜顶结构，房子的安全系数高，即使是台风和大雨，也只有屋瓦会破损。因此，在整修时，仅在横梁上加入强化木材支撑。David说："老房子的好或许就在于此，以前的人很少偷工减料，结构也比较扎实。"为了让衍梁结构更明显，他还将天花板和厚重的墙面全部拆除，抽掉腐朽的立柱，并大费周章地

Q：翻新老宅花费的费用和时间?

A：设计花费了近两个月，施工也差不多两个月。费用大概250万台币。

（1）位于新生南路上的滴咖啡，因其独特的玻璃屋外形，早已成为附近的地标。（2）滴咖啡的咖啡师傅阿杰正在用卤素灯咖啡炉烹煮咖啡。

3

4

（3）干净宽敞的空间，全木头的内部装饰给人温馨的感受。
（4）为了不破坏老房子的木结构，滴咖啡不使用明火，特别选用卤素灯咖啡炉烹煮咖啡。

Q：翻新老宅时有哪些注意事项？遇到困难时如何解决？

A：要找到好的木工，现在一些年轻的木工只会用夹板。这种老旧房子都是木结构，所以必须强化木头的支撑力。遇到困难时要懂得询问，我也是慢慢向人请教才知道很多原本不懂的细节。

慎选旧木料替换。"我当然可以找新木料，但是这样气氛就改变了，我不希望因为翻新而让原本的感觉消失。"于是，这寻得不易的旧木料担负起支撑整栋房子的重任，然后在中间嵌入强化玻璃，让房子临街的侧面变成正面店门，便于营业。滴咖啡的变动说大不大，说小不小，却足以让一间看起来早该淘汰的建筑物摇身一变，成为最时髦的社交场所。

独具透视感的空间

在木结构中嵌上大片落地玻璃，是滴咖啡最令人着迷的巧思，但在改建过程中也遇到了不少困难。"木工老师傅很难找，现在的木工习惯用夹板，而老宅里的木料历史悠久，需要修缮维护，只有经验丰富的木工才能执行，但就算会做，有些人也不愿意接这个活，因为可以接其他轻松的活。"滴咖啡在木头的处理上花了不少时间，但这些等待与寻找是值得的，泛着时代感的黑色桧木，与非常当代的玻璃材料意外搭调，配上大片的镜子，熙熙攘攘的流动人潮也成了滴咖啡内的一景。

在极有特色的挑高空间里，David并没有特意塑造风格，唯有位于中心位置的开放式吧台是特别定做的，既能让客人看到咖啡烹煮的过程，又能营造空间的流畅感。这里的地板也煞费苦心，不像一般特意打磨得光亮鉴人的日式地板，滴咖啡的地板在保留老房子的粗糙感之余，请师傅重新铺上柳桉木，让这种柔软且具有香气的木头，融入老宅的怀旧气息。

无法妥协的职业人坚持

David说起老宅头头是道，但从事咖啡业十余年的他，真正着迷的还是那浓郁的香气。从1987年经营红酒到经营咖啡，品位是David的唯一坚持。

"从City Coffee到星巴克，现在的咖啡市场太大了，但真正用心独立经营咖啡厅的却没有几家。咖啡非常迷人，它和红酒一样，不同产区会有不同的香气，不同的烘焙方式也会带来截然不同的风味。"其实，滴咖啡的店名源自英文Drop Coffee，本来的滴应该是drip，但David却刻意使用drop来代表，就是为了呈现咖啡从采摘到烘焙经历的不完整与爆烈状态。

David对咖啡的热情可不是随便说说，他坚持以最繁复的工序，创造出让味蕾为之感动的咖啡。"我们的咖啡都是师傅用心熬煮的，所以特别好喝。"店里的招牌冰滴咖啡就是花费4个小时慢慢滴漏而来，在其他地方很难喝到这么地道的咖啡，而罗安达（安哥拉首都）咖啡也是店家的推荐，因为出产地的海拔比较高，昼夜温差大，造就了浓郁的特殊咖啡香气，一喝就知道跟外面卖的不一样。

与一般兼卖茶品和轻食的咖啡厅不同，这里只有咖啡，就是因为职业人的坚持。

与老宅一同呼吸

即使热爱咖啡如David，也为了这栋历史悠久的老宅做出了牺牲，不想破坏原先的木结构，所以整家店不使用明火，烹煮咖啡时均以卤素灯代替火炉。"老宅代表的就是延续与传承，它不只是个建筑物，更是一个时代的象征。如果破坏了这里的结构，就很难让之后的人继续使用。"

在弥漫着咖啡香气的空间里，滴咖啡也从旧时的宿舍转化成如今时髦的咖啡厅，历经逾60年时光的更迭，周遭早就人事已非，唯一不变的，只有老宅里透出的光亮。●

Q：挑选了哪些对象用于塑造店内风格？

A：因为外观已经很吸引人了，所以店内没有特别塑造风格，只有开放式吧台是特别定做的，让客人能够看到我们的一举一动。

5

（5）店主David对咖啡的坚持从选豆开始，处处都见功夫。
（6）为了方便学生和行人，滴咖啡也提供外带服务。

6

Bloody Sonsy Moss

体现在细节变化中，老风景的不同情调

老房子是一个浪漫的地方，
不仅提供居住场所，
也是与好友、邻居
分享生活感悟的所在。

〔店主〕蔡田

台中　房龄 **70** 年

躲在幽静的小巷内，充满怀旧气息的时尚餐厅 Bloody Sonsy Moss，就坐落在这一栋绿意簇拥的旧时将军官邸中。几张低调而独特的古董壁纸，几盏幽暗的灯光，加上几张老沙发与动人的音乐，在这古老原味的空间中，一段跨越时空的美感对话散发着魅力。 text : 张素雯　photo : Adward Tsai Te-Hua

〔Bloody Sonsy Moss〕📠 台中市太平路75巷7号 ☎ （04）2225 - 7297 🕐 周一至周四：12:00 - 24:00 ／ 周五至周日：11:30 - 次日 01:00

——在这条台中一中街商圈外围的幽静巷弄内，错落着几间老旧的日式房舍，被庭园的树木花草染成一片绿意，怀旧的气氛让人感觉仿如误入时空。虽与繁闹的商圈仅有咫尺之隔，但外墙上的彩色艺术涂鸦，提醒你这里仍属于年轻人的势力范围。

已经营有十年之久的咖啡简餐店Bloody Sonsy Moss，就位于这样一栋旧时遗留下来的将军宅邸里。门口写着几个比店名还醒目的字"吃和喝和坐一下"，看似简单得理所当然，透露出一种自在无为的闲适，就是这家店的经营风格。

步入敞开着的院子大门，长条形前院种着茂盛丰富的植物，让人不禁想在户外逗留一会儿再进入室内。打开木门进入室内，眨眨眼睛适应眼前的昏暗，再踏上垫高的木地板，还得留意脚下地板发出的嘎吱声响。

老宅的风格微调

年轻帅气的店主蔡田最早从事的是服装业，本来只想找个小服装店面，没想到却遇见了这栋内外有五百多平方米的大宅邸。就因为太喜欢这栋老房子，蔡田才开始了他的餐饮事业，而服装店则蹲踞在一旁像是车库的位置里，现在看来倒成了副业。

蔡田当初接手时，这栋木结构的日式平房早已废弃不用，但屋况尚佳，虽然历经9·21地震后房梁略微弯曲变形，但因为房屋结构几乎都使用了桧木，所以仍然十分坚固。

1

Q：翻新老宅花费的费用和时间？

A：因为住宅本身保存状况颇佳，无须过多翻修，因此翻修的花费主要用于管线的更新。而家具、灯具都是陆续增加的，有一部分是进口的，价格不便宜，也不好找。花费了一个月的时间打扫，然后用了将近半年的时间整理内部空间。

（1）绿色植物包围下的日式老建筑，与外墙的涂鸦相映成趣。
（2）古董壁纸与旧沙发，让窗旁的角落别有味道。

2

3

4

5

（3）简单的光影，就让空间
有了不一样的趣味。（4）原
来的壁龛成为一个隐秘的
小世界。（5）玄关处一瓶盛
开的百合以浓郁的香气迎
客，加上几盏欧式灯，让
将军老宅多了一种柔软的
魅力。

Q：翻新老宅时有哪些注意事项？遇到困难时如何解决？

A：主要是管线老旧，需要更换。另外，接手这栋老宅时，因为之前的人疏于照顾，所以比较脏乱，花费了一些时间整理。

本身收藏有许多老家具的蔡田，就是因为喜欢老物件与老房子，所以决定租下这栋老宅来经营时，就决心保留它原来的样子。"因为老房子本身就有一定的氛围，你不用刻意去营造什么，也不用翻新，只要做一些微调，就有不同的效果，也可以省掉一笔装修费用。"因此，蔡田进驻这个废弃的日式宅邸后，并没有改变整个房子的结构，甚至连破损的地方也都故意保留下来。

"刚接手时真是毫无头绪，完全没有餐饮业经验，也没有经手过如此大的建筑空间，而且又深藏于巷弄里。"没有信心的他开始了漫长的打扫与整理。因为房子荒废太久，房龄太高，加上房东居住期间有太多的格局变更，所以仅重新整理清空就是一项浩大的工程，废弃家具和私人用品就装了好几卡车。之后他又花了一个月的时间打扫，用了将近半年的时间整理内部空间，刷油漆、贴壁纸、格局微调，最后摆上家具，安装上灯光。接着院子里又是另一个大工程，除草、整地、栽种花草，再加上每日细心的呵护，才有了现在的模样。

复古时尚的空间基调

在装修时，蔡田想到曾在日本造访过许多类似的餐厅，木造老宅搭配波普风格的设计，氛围和谐却又独具风格，让他决定如法炮制。"这是我的第一家餐厅，所以其实当时没有想很多。"虽说如此，但他凭借着从事服装业锻炼出的审美眼光，通过壁纸、家具、摆设的简单改变，将这个老将军宅邸幻变成一个有着慵懒、舒适氛围的餐饮空间。

"我觉得这个建筑物本身就很有意思，所以无须去动它任何结构。"日式的房子只要拆掉纸门，就可以形成一个连续的大空间，而一窟一窟的壁橱拆掉门板后，就变成了一个个的小包厢。

不仅老宅年头已久，连家具都看得出年纪。首先，简单几何风格的波普风壁纸，为老宅穿上一层复古的基调，然后再以旧沙发作为贯穿。蔡田多年来收藏、积累的老家具，有些是国外买的，有些是在眷村捡的，还有的则是从二手市场得来的。这里的每一件家具都有自己的个性，从色彩、造型到皮制、毛呢、丝绒等各样材质，它们各自独特的风味，再搭配上吊灯、台灯的光线，决定了每一个空间的氛围与个性。在蔡田的精心安排下，一切都显得自然不做作。

前人的浪漫设计

十年来，包括淘汰家具和调整内部格局，店内又做了许多次的修整，哪怕仅是沙发位置的调整，也让室内风景有了奇妙的变化。蔡田望向窗外绿色的植物风景，回想这十年来的历程，不禁惊呼道："这十年来小盆栽都长成大植物了！"

蔡田对老房子怀有一种特别的感情，所以后来他开另一家餐饮店时，也选择了历史悠久的老洋房。"一直以来，我就对各地的老旧房子充满了幻想和尊敬，如老旧眷村、日式老房或老式洋房，总觉得以前的人盖房子，不仅提供居住之地，还多了点考虑风向等宜居条件的想法，会留出大片的空地将绿意带进房子，也多了些亲朋好友、左邻右舍来访聊天的休闲空间，感觉是一种浪漫的设计。"

心里琢磨着蔡田所谓的"前人的浪漫"时，耳边正好传来一段低沉缓慢的爵士音乐，慵懒的声音仿佛融进昏暗的光影里，加深了舒适感的浓度。旁边的老沙发里蜷缩着几个人影，偶尔传来几句轻轻的笑声，在空气中扩散……这才恍然大悟，原来生活中最简单的浪漫就是这么一回事。●

Q：挑选了哪些对象用于塑造店内风格？

A：主要是老家具、灯具、壁纸，多为欧式暗色调的波普风格，并以昏黄的灯光营造出怀旧的氛围。

6

（6）镶上玻璃的落地格子门，将大厅与包厢区隔开，造型特殊的二手家具与地毯，塑造了别样的风情。（7）壁龛的小角落。（8）店主收藏的古董小物件点缀着空间。（9）角落中的几颗反光球，似乎暗示着某种过往的繁华。（10）原来的外廊变成了一个充满自然光的室内空间。

7

8

9

10

A 日式老宅　Sputnik Lab　　　　　　　　　　　　　　**04**

卫屋

在老时光中追寻创意灵感

老空间和老物件
会让人想要不断去挖掘，
会发现深藏着许多故事。

台南　房龄 **100** 年

〔店主〕刘上鸣

一栋百年的日式老建筑与一位二十多岁的年轻皮具设计师在台南相遇。执著于老物件及其背后蕴藏的传统手工价值，店主刘上鸣亲手翻修这栋百年老宅，用作工作室。在他的执著与巧思之下，老房子以最利落的姿态，重现日本文化深蕴的典雅内涵。text : 张素雯　　photo : Adward Tsai Te-Hua

〔卫屋〕 ☞ 台南市北区富北街74号 ☎ 0958 - 357879 🕐 14:30 - 20:00（不定休，请事先来电预约） Ⓦ sputniklab.
blogspot.com

——火车站一向是城市经济发展的重要区域。台南火车站的南边就是热闹繁荣的商业区，但让人惊讶的是，就在离车站仅有咫尺之遥的北边，紧邻着台南公园旁的这片眷村与老宿舍聚集的街区，却有着城市难得的静谧与悠闲。

在公园附近的巷道中徘徊了好久，也没能找到准备拜访的皮革工作室卫屋，倒是在徘徊时看到几栋老宅拆除的痕迹。正对着空地唏嘘之时，年轻的卫屋店主从巷道中钻出来迎接，这才发现了旁边柱子上小小的卫屋标志与自己的后知后觉。

其实，包含已成空地的老房子，这条巷内整排原本都是旧时建的报社宿舍，如今仅剩三户人家还保留着这样的百年日式老宅。从小在眷村长大的刘上鸣，对于日式房屋一向怀有特别的感情，他就是在散步时偶遇这个地方，这栋老房子也就成为这位26岁年轻皮革设计师的创业之地。

双手打造梦想工作室

从外面看来，砖造的围墙看似台湾味，仔细一看，墙上却又搭上支架铺着日式的熏瓦，踏进仅一步宽的院子后更让人惊喜，白色细石子铺成的一片小巧枯山水（传统日式造景庭园之一），点到为止地赋予了这座老宅一小处禅境。

这栋小巧的日式平房，在刘上鸣租下前曾荒废约一年的时间，但因为长期都有人居住，没有被太大地改装。除了地板之外，窗户、门、天花板都是原来的，保存状况算是不错。

因为现代师傅对于老工艺不够熟悉，很多木工师傅也不愿

1

Q：翻新老宅花费的费用和时间？

A：包含院子差不多有100平方米，大体上花了三个月的时间，其他陆陆续续整理，大部分都是自己弄，主要是材料费，大约十几万台币。

（1）透明浪板遮蔽下，小巧的后院被布置成一个日式枯山水庭园。
（2）角落中一瓶小菊花，让素雅的空间多了分柔美。

2

3

4

（3）角落里有一张沙发，工作之余可以轻松闲坐，一旁橱柜放置着店主的收藏，风格同样简单而素雅。（4）开放式的工作室空间，以一张大型工作桌为中心，周围陈列着作品与材料。（5）一整面大窗将庭院的景致揽至室内，变成室内的外廊，亦成为屋内最舒适的所在。

5

Q：翻新老宅时有哪些注意事项？遇到困难时如何解决？

A：当初决定承租这栋房子，就是因为它的结构很完整。虽然有一些虫蛀腐烂的部分，但都只是表面，没有损及结构，替换也没有太大困难。主要是做一些表面的修缮，表面木板脱落了就稍作补强，还有玻璃的置换、重新补回因装空调被挖空的户外格栅等。只有电路简单地重牵，但因墙壁是以三合土（细砂、石灰、黏土混合而成的建筑材料）敷成的编竹夹泥墙，不是砖墙，无法钉钉子，故开关、插座必须固定在木框架上。

意接耗工费时的翻修活，因此刘上鸣索性亲自披挂上阵，自己一边研究一边翻修这栋老房子。虽然他原来攻读的并不是建筑专业，但因为有兴趣，一直不断涉猎相关知识。从基础的材料、工艺，到如何去搭配，他花了很大的功夫去搜集日本房屋的案例，也学习如何考证房子的历史。这栋房子方形叠起用榫接方式组成的屋架结构，就成为他判定房子年代的依据。"这个研究过程很有趣，本来很多东西都是在书上看到的，但自己能够亲自发现，又是另一种新鲜的体验。"

简洁中包含重重巧思

卫屋翻修中最大的工程是刷油漆，刘上鸣希望既能有日式的典雅，又不能透着老气，所以色调上选了黑白两色搭配。黑色主要是木头部分，白色则是墙面，让整体空间在现代感中带有稳重的气质，再搭配深色的皮革沙发，与以原皮色和黑色为主的皮革作品也十分协调。

因为这里用作工作室兼店面，所以，他把原来为了隔成房间被钉死的拉门拿掉，让空间开放，又将原来的壁橱拆掉，壁龛的空间加上层板成为收纳与展示皮革及作品的地方。而为了营造室内柔和的光线氛围，他在抽屉、柜子以及房屋的木框上，以木板包覆灯管的间接照明设计，让光线看起来像是从梁柱里透出来。"我觉得日式空间原本就不需要太多多余的东西，加上天花板不高，悬吊式灯具会显得有压迫感。"诸如此类，许多看不到的设计巧思，都隐藏在简洁典雅的空间细节里，自然地存在着。像后院也用门做了一道假的墙面，用于遮掩原来砖墙上的燃气管线。

面对后院的外廊，之前已被改成室内空间，现在摆了两张沙发，仍是一处休憩地。"我很喜欢外廊，但既然无法恢复，我想让它稍微有点半户外的感觉。"外扩出去的窗户下半部的双层条状木窗遮板已经腐烂，刘上鸣用旧木料将其替换成日式栏杆的样式，不但光线更佳，也让坐在沙发上的人有种坐在二楼俯瞰院子的错觉。

老时光里的创意灵感

点缀在极尽单纯的空间周围，架子上引人注目的老家具与旧物件，都是刘上鸣的收藏。从初中起他就喜欢收集老物件，至今已超过十年。这些收藏以日式小物件为主，像是一系列造型、功用各异的灯泡，或是有着细致花纹的玻璃杯，整体风格就像店主的气质一样，温谦而舒适。身为日本文化迷的刘上鸣认为，日本文化吸收了许多外来文化，并将其化为具有日本特色的东西，从而产生了一种特殊的魅力。"日本人的美感在于他们很节制，不会夸张，就是刚刚好。造型、色调很节制、内敛，我很喜欢。"

黄色的灯光，耳边飘着充满怀旧气息的日本民谣音乐，人的心思似乎也飘到了那个东洋国度里。角落里的几瓶花让人眼前一亮，是略谙花道的店主亲自插上的，也为这片安静的风景制造出一点生气。

仿佛置身于古老时光里的这位年轻人，借由一样老物件或一个老空间，去寻找他的创作灵感。可能是一种材料，或是一个线条、颜色、形式。"因为它不属于这个年代，所以你会感觉到一种特别的氛围，会想去挖掘它，挖掘之后就会发现里面有很多故事，我很喜欢沉浸在这样的氛围里。"

6

Q：挑选了哪些对象用于塑造店内风格？

A：主要是收藏的日本旧物、捡来的旧家具，以及定期更换的花道作品。

7

（6）壁龛被改造成展示与收纳皮具作品与材料的地方。
（7）移除门板后，空间显得开阔，沿着墙边摆放着店主多年的收藏。
（8）店主的收藏精心地融入工作室的环境中。

8

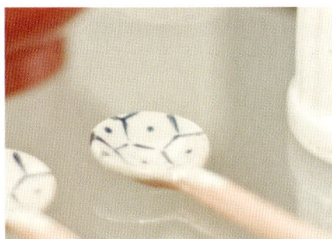

木子·大地的孩子

在阿嬷家的记忆中寻找纯粹的生活滋味

进入老宅，
在里面用力地生活；
情感才是老宅里面
最重要的灵魂。

台南　房龄 **40** 年

〔小管家〕李盈彗
〔店主〕Jimmy

红砖、木门与古董家具，空间中的光影与画面，唤醒许多童年关于阿嬷家的记忆。看似随意的凿洞，让阳光与风盈满室内各处，有着原始绿建筑的细腻巧思。木子就像是每个人记忆中阿嬷的房子，聚集了来自各地的游子，在旅行中一同分享童年记忆中的美好滋味。text：张素雯　photo：Adward Tsai Te-Hua

〔木子・大地的孩子〕 ☞ 台南市中西区神农街145号 ☎ （06）221 - 9646 ⏰ 周一至周日 : 12:00 - 20:00 ／周三休 Ⓦ 2010muzi.blogspot.com

——神农街这条看似平凡的小街道，位于昔日府城重要的运河港道五条港处，曾经是清代重要的经济中心。而在今日，商业交易繁荣的景况不再，却多了份生活的闲适悠哉。近年来老宅重新受到重视，许多年轻人在此聚集开店、实现理想。文创小店、酒馆、艺廊与庙宇同驻一条街，在传统氛围中融入现代的创意与新鲜感，成为台南观光的必游热点。

走到神农街的末段，可以看到一个小巧的院子，门前大大的陶制水缸里种着几颗翠绿的海芋，一扇敞开的黑色木门上，红底黑字写着"和为可贵，居之则安"的对联，表达着百年前人们对生活的简单看法，而这也是木子店主Jimmy与Kelly的生活哲学。

从事婚纱摄影的Jimmy与Kelly，2009年买下位于神农街后段的这栋四层楼老房子，原本只是想要一栋自己住的房子，但是Jimmy的朋友们来住过后都很喜欢，这才决定以民宿的方式来经营，并结合展览空间、杂货与咖啡，接续即将落幕的飞鱼记忆美术馆的展览平台，为设计者提供一个可以展示自己作品的空间，希望神农街的观光客可以看到台南的创意。

凿壁借光的原始绿建筑

这栋四层楼的砖造楼房，有四五十年的历史，最初是一个制衣厂，狭窄的街屋虽然每层仅有56平方米，但空间却没有想象中局促。一进门可以看到一个Jimmy自行打通的天井，

1

Q：翻新老宅花费的费用和时间？

A：翻修共花了一百多万台币，因为每个工种都是自己找人，节省了一些钱。施工时间大约半年。

（1）各式的二手旧家具随意地摆放在交谊空间中，有着老家般的轻松舒适感。（2）贯穿整栋楼的天井，为室内引入了空气与阳光。

2

4

3

（3）房间粗糙墙面的鲜艳色彩、地上的瓷砖、老家具与窗户上的布幔，构成了一幅充满民俗风味的景致。（4）一楼的设计杂货区，被墙阻挡的窗户和随意的洞，让空间充满意外的惊喜。

A：这栋房子最大的问题在于墙壁，因为原来的天井结构导致多处墙面渗水，因此我们敲掉了部分墙面，只留下原来的砖结构。还有就是把之前的铝门窗全部拆掉，重新定做木窗，或是装上老旧的门窗，希望回复到比较原始的样貌。

贯穿一到四楼，让室内充满光线。和飞鱼记忆美术馆一样，这个天井的中央也立着一棵海边拾来的巨大漂流木，这就是木子的核心价值，即希望设计者来这里办展览，种下各种树木的"种子"，在此发芽壮大；因为对于Jimmy来说，每个人都像大地的孩子，也是树木的孩子。

这栋房子保留了很多阶段历史工程的痕迹，一到三楼被前房主进行过很多改动，只有四楼一直维持原样，保留了许多有美丽图案的地砖和花格窗，这也是他们决定买下此处的主要原因。其实Jimmy在翻修时，几乎是以一个原始的绿建筑概念在进行。"前人的很多东西都是用永续使用的想法制成的，而现在的工业产品或新设计都是要每一两年就更新一次，我觉得现在的做法有点病态。像这张椅子可能有七八十年的历史了，特别耐用，而现在的椅子可能坐个三年就解体了。"他以朴拙、阳春的手法，呈现出看似颓败的美感，成为一种自然、简约生活态度的实践。"我觉得建筑的中心还是要以生活为主。你看，这样空气流通得多好！"

实际上，这些像是意外打出来的破洞，在这栋房子里随处可见。墙上、地板、天花板上，刻意保留着边缘不平整的破洞，让建筑显得有种残破的诗意。"好不好看是其次，住在里面的舒适度和感觉才是最重要的。"几乎每一层楼都有Jimmy"凿壁借光"打出来的破洞，除了考虑到实用的目的之外，还有许多是出于浪漫。可能是下午一道从破洞投射下来的光，照在角落里一个被拆下的马桶上，这样孤寂的氛围，就是他从光影趣味与残破情境中得到的心灵体验。

向上生长的三合院

虽然木子是一栋向上发展的街屋建筑，但它的格局与氛围，却有着乡下

45

三合院的气质：红色的砖墙、老旧的家具，还有从窗户斜射进来的阳光，以及分辨不清自哪个方向吹来的清风，每一层都有一个可以坐下来聊天的小空间，营造出了阿嬷家的整体风格。"老物件的重点并不在于它们的老，而是在于它们蕴含的感情，你看到它时能有多少回忆，这才是最重要的。"

其实，这边不少小物件真的就是从面临拆除的阿嬷家带来的，这里不但保留下了阿嬷家的东西，也延续了家族共有的美好记忆。"我的爸爸来到这里看了就很感动，刚开始时他们觉得我是在搞一栋破屋，但完成后，他们终于明白我想要做的是什么。"

一楼是杂货铺，Jimmy设计了一个架高的木板平台，希望来这边的人可以随意坐卧。"就像去了阿嬷家，就会有个要脱鞋的通铺大床，还有蚊帐垂落在旁，一家人可以在这上面一同生活。"二楼以上是属于民宿的部分，虽然每间房间都是套房，但每层楼都刻意在房间外放置一些椅子，成为住宿者的交谊场所。有时候在这里可以看到彼此不相识的房客，舒服地坐在外面的椅子上，一起弹起吉他唱起歌来。

Jimmy和Kelly这对极度浪漫的情侣，让木子成为生活的实验场。他们不喜欢刻意的装潢，这里也没有电视，因为他们的哲学是"住的地方越简单，烦恼才会越少"。他们将房子顶楼加盖的阁楼规划为自己的住处，像是树屋一般，小鸟与猫咪就在隔壁的房顶上飞飞跳跳，有种野宿在外的感觉。

目前房子还在逐步整修中，Jimmy说，还有很多树要种，而且要住在里面才知道需要什么。"一次完成就少了那种和房子一起改变的感觉。这样一样一样慢慢来，感觉蛮棒的！"

Q：挑选了哪些对象用于塑造店内风格？

A：窗户和门扉上装饰着一些布，可以遮光，也可以随风飘扬，这些布有些来自云南丽江，有些则是在古董店买的。再加上一些捡来的玩具铁马与小物件，很多不同的记忆组合成的空间，像小时候在巷弄里嬉戏的感觉。我们也陆续种植各种植物，包括青枫和爬藤植物，让它们在砖墙与破洞之间攀爬生长，为室内增添更多自然的情境。

5

（5）从云南丽江带回来的印花布，随着窗外吹进的微风飘舞。
（6）大量的自然光线让房间明亮舒适，砖造的墙面在各样的颜
　　色与墙面处理下，也有不一样的变化。

6

蓝晒图

随着时空变换的建筑记忆蓝图

老宅与过去联结，
通过种种细节与工艺，
可以读到背后的故事。

〔总经理〕蔡佩烜　〔主持人〕刘国沧

台南　房龄 **100** 年

艺术不但让街道活了起来，也让老宅有了新生命。海安路上的蓝晒图，这栋在黑暗中发出奇异蓝光的老房子，似乎具有某种魔力，将残破的景象幻化成一幅充满神秘氛围的记忆蓝图。从平面跃出的立体空间，是一种模糊虚幻的体验，也是这个饮酒空间最让人迷醉之处。text : 张素雯　　photo : Adward Tsai Te-Hua

〔蓝晒图〕 ☞ 台南市中西区和平街79号（海安路二段神农街口） ☎ （06）222－2701 🕐 周一至周五：08:00－次日 03:00 ／周六、周日：15:00－次日 03:00 W. tw.myblog.yahoo.com/tainan_blueprint

——白天的海安路上没有行人，看似被大斧劈开的残破房屋，壁面上有艺术家的创作和涂鸦，虽然色彩鲜艳却没有起到美化的作用，反倒让残破的气息更添一股哀伤。但是到了夜晚，海安路却摇身一变，成为华丽的舞娘，闪亮的招牌高挂，一间间酒肆餐坊门庭若市，整条街像是齐聚了全城不睡的鬼魂们，变成了一座饮酒作乐的不夜城。

就在这一片繁荣之外，一座散发着幽幽蓝光的破旧老宅，在海安路口的角落以鬼魅般的姿态栖息着。名为蓝晒图的这家酒吧，老墙被漆成宝蓝色，如同建筑蓝图的白色线条，在墙面上勾勒出这座老宅曾经的模样，半截凸出的木屋梁与桌、椅、皮箱，像是将建筑的骨肉血淋淋地剖开，展露出老宅残破身体里留存的过往记忆。

艺术改变一条路

说到蓝晒图这家位于海安路上的知名地标酒吧，就不能不提到2003年的那场轰动全台湾的"海安路艺术造街"的艺术盛事。这个活动始于一项错误的决定：为了修建海安路这条新道路，台南市的五条港被切断了，但由于规划并不完善，道路周边建筑并非整屋征收，而是依照道路所需裁割，因此出现了许多建筑被切掉一半的奇异景象，道路周边的房舍一夜之间变成断垣残壁的废墟，房屋残缺且渗水，让房主无法继续居住，从而令海安路从一诞生起就成为了一条无人居住的"鬼路"。

Q：翻新老宅花费的费用和时间？

A：总共二百多平方米的空间，初期翻修花了半年时间，费用大概有三百多万台币，后来股东易手，又花了一百多万整修，耗时两个多月。

50

（1）建筑师刘国沧将剖开的老墙漆成宝蓝色，以平面的白线勾勒出之前存在的窗户、家具的轮廓，以平面手法表现立体感。

（2）在灯光照射下，夜晚的蓝墙散发着一种诡异的魅力。
（3）生锈的铁网门与老建筑的花格窗构成冲突的美感。

4

（4）跃层式的二楼，原始的天花板结构裸露着，还悬吊着艺术作品。
（5）风格强烈的蓝晒图概念，衍生在各种摆饰物件上。

5

Q：翻新老宅时有哪些注意事项？遇到困难时如何解决？

A：在整修与使用过程中，最大的问题就是渗水，因为原来运河的水文状况还影响着这一带，所以建筑的保存状况十分恶劣，加上拆除使建筑本身的结构更松散。为了防止房屋坍塌，用了金属支架补强结构，比如吧台就利用这些金属支架来做设计规划；一楼地板为了应付渗水问题，也用了金属结构与玻璃架高。

于是，台南当地的艺术展览策划人杜昭贤在"艺术建醮"活化民权路老街活动的延续下，号召十几位艺术家以装置艺术手法，赋予破败的海安路街道新的面容，借此唤起世人对这个地方的关心。就是这个活动，改变了海安路的命运，众多艺术景点吸引了大量的游客前来参观拍照，而当时作为艺术造街作品之一的蓝晒图，也顺势成为第一家在海安路营业的夜店。

成为景点的一面墙

这面蓝晒图作品名为《墙的记性》，是建筑师刘国沧为海安路艺术造街所作。他将对这栋破败建筑的想象，以2.5D的空间透视方式呈现，留下了诸多遐想的空间，让观众可以产生各种联想，而这正是这件作品最成功的地方。

蓝晒图从一件作品变成一个餐饮空间，就是为了要永远留住这面墙，让这件作品在展览结束后也能继续存在，并且让普通民众在欣赏作品之余，体验台南的夜生活。在一群艺术家的热情支持之下，酒吧自展览后开始营业至今，并且随着海安路艺术造街成功引来众多商机，吸引了其他店家陆续进驻。因此，随着客户群的变化，蓝晒图也面临着转型的挑战，再加上成员们纯粹靠着理想硬撑，没有人具有餐饮经营的理念，因此到开业五年左右时，很多股东都想让这家店结束营业。

"三年前股东转换之际，没想到很多顾客都打来电话鼓励我们，说蓝晒图是'台南的精神'，不能让这家店消失。而对于我们团队来说，这毕竟是成员刘国沧的作品，意义更加重大。"于是最后"打开联合文化旅店"的总经理蔡佩烜决定买下全部股权。为了了解餐饮经营，她甚至跑去学习调酒，希望能更了解这个行业，从而更精准地经营这家店，训练出合适的店长，让这家店既能回归开店初衷，又能经营有方。"蓝晒图已经成为台南的一个重要景点，我们希望来台南的人永远记得这条路曾经的模样。"

蓝色的台南地标

蓝晒图所在的这栋残破的房子，是由两栋两层楼的传统老宅组合而成，至今已有一百多年的历史。这栋房子保留有五条港临水岸建筑的标准样式：一楼是店面，二楼是仓库，可惜因为当初道路施工的破坏，早已面目全非了。店面仍按照老房子的基本风格装修，利用蓝色的灯光作为墙面的投射，为夜店制造出一种非现实的梦幻意境。"这种半晕的状态下看台南最美。"

目前店内左栋用于经营餐饮业，右栋则是一个展览空间与金工的开放工作室，每两周举办一次艺术市集，持续关注艺术群体，为台南的年轻创意人提供一个展示的舞台。"佳佳和蓝晒图这两家店，我们不能自夸说设计得多好，但它们可以作为一种榜样，即只要有心、愿意去学习，即使不是自己专业所长，也可以达成理想。"蔡佩烜说。

蓝晒图这面墙的养护一直都由餐厅自行处理，但有趣的是，它又是以一个公共艺术的形式呈现在市容中。每年看到的蓝晒图，虽然墙面依旧湛蓝，但细节却总有些小变化，原因是观光客喜欢带点东西走，店家要不断为这面墙补上物件，而在废墟墙壁中杂生的树木与草，也慢慢地越长越大。"因此蓝晒图的外观是在不断变化的，是活着的。"就像刘国沧的创意概念，用未来的手法表现过去，以平面勾勒空间，在这样的暧昧中，变化的记忆却是永恒的。●

Q：挑选了哪些对象用于塑造店内风格？

A：除了一些老灯座、老柜子、电风扇之外，为了与户外的壁画装置呼应，二楼的两面大墙也漆上蓝晒图的画面，室内则放置了一些以蓝晒图为概念的桌椅、板凳、皮箱等怀旧家具的纸模型。店内也不定期地举办艺术展览，为这里制造出变化的创意趣味。

（6）一楼的座位区，墙面与灯光都被染成一片宝蓝色，充满迷醉感。每隔几个月，座椅的动线就会调整，让顾客一直有新鲜的体验。（7）蓝晒图各个角落都可以发现充满艺术感的作品与家具。

咖啡小自由

旧建材中重组纯粹的生活记忆

一栋充满爱与回忆的空间，
以另一种力量扩散，
并且延续下去……

台北　房龄 **40** 年

〔店主〕ZOC　〔店长〕阿克　〔糕点主厨〕Leslie

位于台北永康商圈的边缘，邻近台湾师大文教区的人文气质，咖啡小自由在欧风酒吧的氛围中，却又散发着让人怀念的复古居家氛围。这栋 20 世纪 70 年代的豪华公寓，高贵中带着优雅气质，许多迷人的旧建材，更有今日难寻的别致风格。text：张素雯　photo：Adward Tsai Te-Hua

〔咖啡小自由〕 ☞ 台北市金华街243巷1号 ☎ （02）2356－7129 🕐 周一至周六：12:00－24:00 ／ 周日：12:00－18:00 Ⓦ www.facebook.com/pages/Caff%C3%A8-Libero/146771778682715

——没有师大商圈过重的市井气息，风格独具的店面总能让人惊奇。永康街区的迷人之处，便是在商业区的多彩生活之外，多了些居家生活的闲适感与缓慢步调，并有着文教区特有的书香气质。

本身已有好几家咖啡馆经营经验的负责人ZOC，找来前老板、熟客、同学等人组成股东，又召来在花莲经营咖啡店的店长阿克、从美国加利福尼亚学习糕点归国的Leslie，再加上楼上经营日租房的森系女孩阿菁等，共同经营。大家有着共同的理想，又各自扮演不同的角色，将咖啡文化、生活概念在这家咖啡店里实践。

老公寓的多元再利用

这栋四层楼的建筑是1972年建造、1974年完工的，至今已有近40年的房龄。这些年来一直由一个来自上海的经商家族三代共同居住。后来因子女移居国外，三、四楼陆续转让，到了2009年时，一、二楼与地下室也易手，由现在的屋主继承。2010年8月ZOC等人承租下来后，才决定进行大改造，让这栋旧豪宅摇身一变成为一座颇具异国情调的咖啡小馆。

目前三个楼层陆续开放，首先是一楼的咖啡小自由与甜点屋雷斯理，已经积累了不少熟客；地下室则作为活动包场使用，由小客厅、餐厅与厨房组合而成，ZOC尤其鼓励客人自备食材在此烹调、宴客，以弥补都市生活中租房者没有厨房而无法下厨招待亲友的缺憾；由内部楼梯走上二楼，是提供给海外背包客的日租房——旅人小自在。

咖啡小自由进驻后，房屋结构上最大的改变就是拆掉围墙。这栋透天公寓虽然位于人来人往的永康商圈，但因为老旧且有一道高墙阻挡，常常被路人忽视。因此他们进驻后首先打开了围墙，并将原本垫高的一楼入口楼梯改造成一片向外延伸的阳台，有了这些对外空间，这栋房子就和街道、小区有了更多互动，仿佛是在张开双臂欢迎经过的人们。

Q：翻新老宅花费的费用和时间？

A：2009年8月开始施工，10月底完成，总共约三个月的时间。三个楼层内外加起来约500平方米，翻修费用原来估计150万台币，但最后花费了将近200万，且不包含家具。

（1）地面铺满金钢砖的地下室，二手意式咖啡机、厨具与二手家具，营造出老客厅的感觉。

（2）酒吧区一片落地窗，原先的旧玻璃包覆新的原木框，复古的设计衬托出酒吧的沉静氛围。（3）有着辐射线条的天花板，钉子是手工一根根钉上的。

A：我们遇到最大的困难是时间，虽然房东已经给了两个月的免租期，但最初与设计师沟通时浪费了过多的时间。老宅改造过程中，想要找到愿意配合的工程队并不容易，因为对工人来说，拆掉换新更省时省力，所以我们随时都会在现场跟工人沟通，先小心做好防护工作再动工，因为有的东西真的是不小心弄坏就再也无法挽回了。

你的废材是我的宝贝

1970年前后，永康街附近还是以一二层的日式房舍为主，这栋四层楼的现代洋房，在兴建之初就鹤立鸡群，是一栋公寓型豪宅。原来的房主从事建筑业，因此房屋本身的建材不错，像一楼的地面使用了深棕色的榉木地板与墨绿色的蛇纹石地板，墙面装饰的木条使用的是云杉，奶油色的大理石墙面则经过楼梯井延伸到二楼。

虽然整个内部结构做了相当多的改变，但他们同时也大量回收旧建材，包括灯具、石材、木料、瓷砖、玻璃，几乎都保留了下来。因此再利用后，仍可以从这些小细节上，感受到相当多的上世纪70年代的特色。而且，使用回收建材也大大节省了购买新材料的开销。

"施工时，工人拆，我们就捡。很多人觉得这些是垃圾，对我们却有着重要的意义。虽然省了很多材料钱，却花了更多的时间去处理，但现在回想起来，还是相当值得的。"

一楼的部分空间就保留了原来的榉木地板，后半部因为管线破裂造成地板受潮腐烂，所以采取架高并重新铺上新的木地板的方法处理。大门的对开雕花木门，目前被移至室内，用以区隔两个风格不同的空间。贯穿一楼的吧台也配合这样的区隔，刻意将吧台的前后两段做成不同的风格：前半部是比较轻松的咖啡座，后半部则是带着温暖、沉稳风格的酒吧。装饰着鹿头标本的酒吧，摆着绒布沙发，对外则有个可折叠开启的落地窗，使用了原来的手工旧玻璃，重新以深色的木框包覆而成。

咖啡小自由的精心设计也表现在天花板的设计上，如装饰线板的使用让整个天花板拥有一种典雅的复古味道。值得一提的是，内部酒吧区造型十分特别的天花板，原本是老宅内部拆下来的一块中间向圆心凹陷的天花板，钉子是手工一根根钉上的，卸下来时必须整片卸下，要六个人同时支撑，是个大工程。

超越时间的人文质感

在翻修的过程中，为了让新设计与旧材料能够更和谐地相融，室内以木头的质感作为主调，从天花板、地板到旧家具，都给人一种温暖的感受。而作为画龙点睛功臣的旧家具，是大家从旧物市场甚至是路边的废弃家具堆里收集而来。总的来说，内部以深色的木制家具统一风格，户外则是以蛇纹石的深绿色为基调。

在阳台上吹着风，和朋友闲聊，不时还有骑着脚踏车经过的邻居，对着店内的员工打招呼，这种闹中有静、充满生活感的清闲，是这里最吸引人的地方。这样的氛围，就是老宅翻新的重要意义。人的互动让不受时间影响、纯粹的生活与人文质感自然产生，就是流动在这间咖啡馆里的自由概念！ ●

（4）装饰着鹿头标本的酒吧，墙面木作以线板装饰而成，配上红色的绒布沙发，有着古典沉稳的风味。

Q：挑选了哪些对象用于塑造店内风格？

A：总的来说是希望打造一种复古怀旧的气氛，外面的咖啡座是休闲的欧风，里面的酒吧则是带和风的西洋风，利用保留下来的玻璃灯具、西洋式的线板，让整体氛围带有殖民风格的怀旧感。

5

（5）户外咖啡座就像待在自家门口聊天一般，氛围闲逸。

6

7

8

9

（6）角落里的照片，以及这栋房子的照片。（7）咖啡小自由的特调饮料，与雷斯理精致的甜点。（8）各式的钥匙圈与吊架。（9）二楼日租房的橱柜中保留着原来房主的旧物，充满怀旧感。

白色小屋

用感觉和梦与老宅联结

老房子守护着生命的延续，
它可以继续分享，
继续服务人们，
温暖人们，治愈人们。

[店主] Zuvonne

台南　房龄 **45** 年

从回归自然、寻找自我开始，白色小屋店主 Zuvonne 在台南找到了一个可与心灵对话的老房子。在这里，她聆听老房子的需求，在密切的互动中，寻找最佳的空间利用方式，让这里自然拥有舒适感，并通过分享，联结更多人。text：张素雯

photo：Adward Tsai Te-Hua

〔白色小屋〕📠 台南市北区长荣路四段76巷12号 ☎（06）2365-101 🕐 周三至周日：15:00 - 20:00/周一、周二休 Ⓦ www.m-b-12.com

——走在这样一条安静的巷弄里，午后的阳光斜斜地洒下，在地面和围墙上画出不规则的房屋与树影的轮廓。这样的光影仿佛是从某个记忆里飞出，或许是某种似曾相识的感觉，或许是某种更为玄妙的心灵触动。

在这样悠悠的静谧中，一栋典型的上世纪60年代透天式宿舍就坐落于此，小小的院子被一道竹篱墙包围起来，白色的门前一片生意盎然的绿色，意境上倒是颇符合白色小屋字面上给人的清爽纯净。

一头细细的卷发，带着点纯真的气质与灵气，但其实店主Zuvonne生命中大半辈子都是在台北度过的。从高中起，她就从家乡屏东独自远赴台北学画、生活，然后战战兢兢地在职场上打拼。但是，在一次旅行中，她发现工作不是绝对的，不是她的全部，更不是她的人生。她在像是第二个故乡一般的兰屿发现了生活的单纯，开始了解大自然和自己的生活有多亲近。虽然之后又回到了台北，但她已深受触动，在心中种下了一粒小小的种子。

在那趟旅行中，她认识了两位来自台南的朋友，于是又一次赴台南旅游。"第一次到台南，我看到树上开满了黄色的花，在风中摇摆，我在心中惊呼：这是什么地方？ 怎么这么漂亮！"她急忙去询问这是什么树，然后知道它名叫阿勃勒，这也成为她爱上台南的原因。

于是，她决定在台南找一个可以让自己画画的工作室，并希望能回归到真正的生活中。有一天下午，她在长荣路巷子里

1

Q：翻新老宅花费的费用和时间？

A：两层约80平方米，花了半年时间，每个周末从台北过来整理，一周做一件事情，房东也帮忙处理。硬件部分房东承担了20万台币，自己负担约20万。

（1）一楼大面积的开窗，是上世纪60年代宿舍建筑常见的格局。
（2）以竹篱笆围起的小巧院子里，种的都是店主捡来的植物。

2

3

（3）二楼的工作坊同样以白色为基调，回字形的架子原本是墙上内嵌的置物架。
（4）琳琅满目的作品将白色的空间装点得既活泼又有个性。

4

Q：翻新老宅时有哪些注意事项？遇到困难时如何解决？

A：一楼地板本来是洗石子，但裂开了无法复原，打算做环氧树脂地板，可湿气太重，地板又都裂开了，下下策就是塑料地板。二楼木地板白蚁侵蚀严重，所以整个拆除，铺上水泥。

的房顶上，看着对街的榄仁树，一阵风吹来，那时她觉得，就是这里了！于是决定租下来。

刚刚好的舒适状态

承租后约半年内，她每个周末都搭车来台南整理房子。这一栋三层楼的透天宅，有四五十年的历史，最初是美军所属的美国学校眷村。一开始Zuvonne只是想把这里规划成自己画画和生活的地方，但在整理过程中发现应该开放这里，与他人分享，于是这里慢慢演化成了一个包含了画廊、免费工作坊的复合式空间。"现在，分享在我的生命里很重要。每个人都拥有潜能与表现的能力，通过分享能启发自我，体验更多不同于以往的过程。"

"很多人都忘记了要用心去感知。"Zuvonne微笑地说着她和这栋房子的互动过程。很多人以为学设计的她是用设计的角度规划空间，但她其实是用了另一个角度去观察事情。"不怕你笑，有时我是通过直觉和梦，去感知它想要告诉我的事情。我会去感受，这样做会不会对它舒服？我是不是会对它造成伤害？你会知道它是开心或是其他状态。"这不只是一种比喻，就像奇幻电影《阿凡达》里的主人公一般，她让自己与老房子"联结"，只要与环境融为一体，就可以感知房子的感受。

比如，一道墙封闭了空间，她"感觉到它必须要被打开"或是"这边需要光"，就将隔间墙敲掉，让空间形成一个刚刚好、很舒服的状态。"我觉得存在于房子里面的人事物才是最重要的。只要是让环境舒适的，就是好设计。过度的虚化与台北的状态就没什么不同了，我不愿意变成那样。老宅最重要的还是舒适度，取决于生活在这里的人的状态。"凭着直觉与感觉，以及一种接近无为而治的心态，空间也会慢慢地自我成长。需要家具时，朋友就会把家里不要的送过来，或是走在路上就可以捡得到。小院子里栽种的许

69

多兰花、朱顶红等花花草草也都是捡来的。"很多东西好像是你需要，就会有提供。"这栋房子里几乎没有新的物件，都是她捡回来的"流浪的孩子"。"我不在乎新旧，而是它原本就存在；既然可以保留，就要把它保留下来。"

无为却积极的人生

当初并不是想要开一家画廊，也没有特别去寻找老房子，更不是盲目地随大流，而是单纯顺着自己的感觉走。于是老房子自然地被发现，创作者也自然地被更多人认识，许多美好的事情与互动，就这样自然地发生。

目前白色小屋的一楼是展览空间，Zuvonne发现很多创作者希望展示自我，因此提供了这个空间以供他们展示、寄卖作品。二楼的免费工作坊每个月都会举办一次活动，集结各种专长的人，或许是手作、治疗，或其他通过劳动做到的事情，在这里分享。但她说，它仍持续在变化，而一切就顺着自然走。

因为一棵阿勃勒而决定来台南，她在小院子里也种了一棵阿勃勒。"我昨天还担心院子的阿勃勒，最近的天气太不正常了，今年春天还没看到它的新芽。没想到隔天，它就开了一朵花给我看，我就安心了。"以心灵直接与花草、建筑对话，自然地与城市、人们联结，Zuvonne看似无为，却更积极地面对人生。而一栋废弃的老房子，也因为与人的重新联结，再次为人们提供温暖，抚慰人心，让他们重寻自我的价值。●

（5）空心砖也废物利用成了置物架。

Q：挑选了哪些对象用于塑造店内风格？

A：这栋房子给我的第一印象是它充满了光，亮得像白光，所以我把空间全部漆成白色的。但并没有刻意去塑造风格，而是就着捡来的家具，去做最合适的运用。

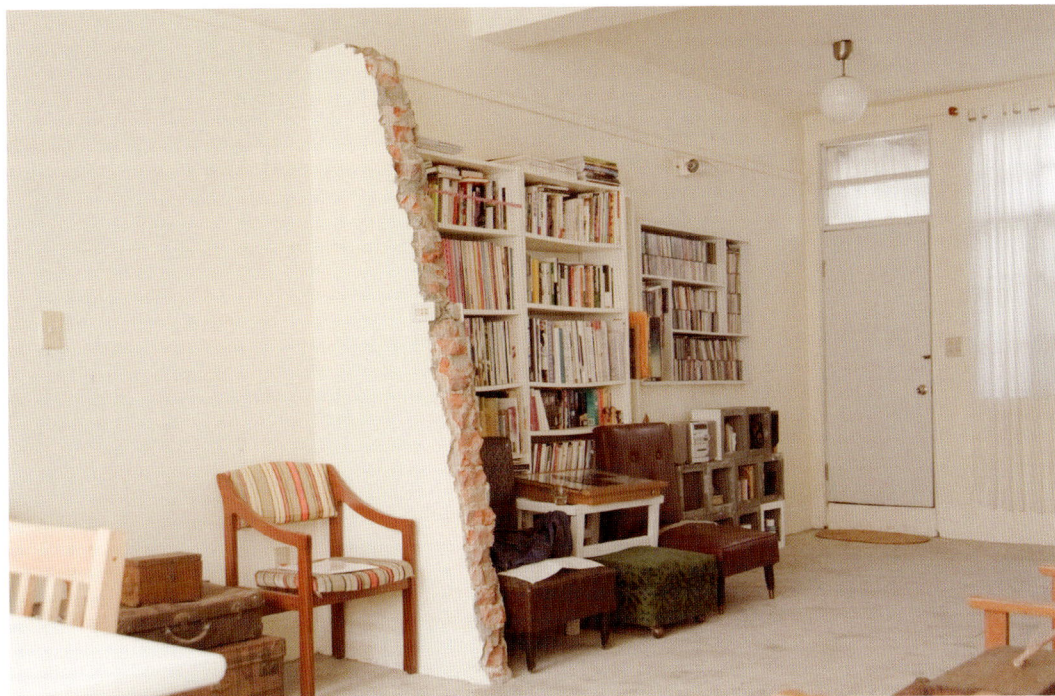

6

（6）被敲掉的墙面保留着部分墙面结构，成了一个屏风似的存在。（7）架
上摆放的工具与陶瓷作品。（8）废弃的二手家具与门窗，结合成一幅美丽
的空间风景。

7

8

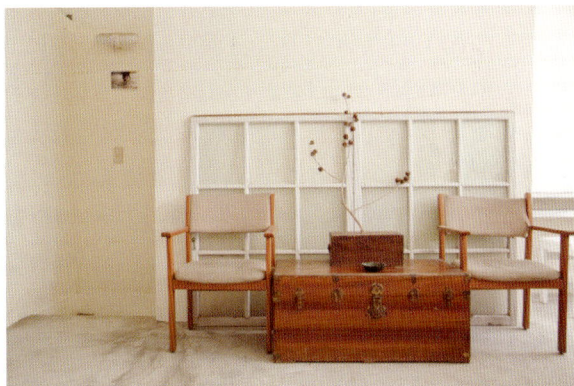

草祭二手书店 + 小说咖啡聚场

从一本书展开的一片人文风景

人在老房子的氛围里，
彼此分享好的气味。

台南

房龄
45
年

[店主] 蔡汉忠

在先圣的庇荫之下，台南孔庙旁的草祭二手书店，以精神食粮来满足人们的求知欲望。有别于传统旧书店的拥挤杂乱，老房子利用现代感的设计，大器中有着谦虚朴实的文人味道，在这个舒适的空间里，容许你当个书蠹虫，在书海中慢慢啃蚀文字。text : 张素雯　　photo : Adward Tsai Te-Hua

〔草祭二手书店＋小说咖啡聚场〕📠 台南市南门路71号／69号 ☎（06）221－6872／（06）221－1655 🕐 周四至
下周二：12:00－22:00（咖啡店至23:00）／周三休 Ⓦ blog.roodo.com/tsaochi_bookstorefiction69.blogspot.com

——推开厚重的木门，看到上面小招牌刻的篆体字才发现，原来草祭这个名字来自于店主蔡汉忠的姓氏。进入草祭二手书店后，先是淡淡的音乐，温暖而明亮的光线，有别于常见的二手书店狭小拥挤、堆满旧书的杂乱印象。举目所见，大量的书柜与书籍占据了整个视野，此外便是草绿色与白色搭配的墙面，带有书卷味的古典气质。想来，除了呼应草祭的名称，或许多少也对用眼过多的爱书人具有护眼功效吧！

目前蔡汉忠在台南拥有两家二手书店，从2004年开始营业的草祭，在2008年搬进孔庙旁的这个位置。这家书店跳脱出二手书店的概念，将"自己的书房"这一概念延伸入书店中。"阅读对我来说，除了强调书的内容外，还需要一个不嘈杂的、有淡淡音乐背景的、有舒适灯光角落的环境，这是我对个人书房的想法，而这家书店的概念就是把个人的书房与他人共享。"

虽然整修老房子的费用高于新房子，但对他而言，在与老房子靠近时，总是比与新房子接触更令人身心舒适，于是才宁愿选择在老房子中开店。"对我而言，老房子和我的磁场或气味比较相近，那是一种无形的东西。在老房子里可以让你感觉很舒服，这样的轻松感是很莫名、最直接的感觉。其实，在这样的互动中，可以造就出另一种深度。"

1

Q：翻新老宅花费的费用和时间？

A：书店与咖啡店所在的三栋房子，总面积约有一千多平方米，目前使用的有991平方米。书店工程比较简单，大概花了三个月时间整修，硬件花了180万~200万。咖啡店则因为屋况与使用需求，整整花了近一年的时间规划施工，费用将近300万。目前三、四楼闲置的空间还在陆续整理当中。

（1）咖啡店乍看像个书店，橱窗是用旧书堆砌而成。
（2）有别于一般二手书店的拥挤，草祭有许多可以呼吸的空白空间。

2

（3）前后栋间的缝隙加上透明遮顶，过道处就成了一个花园般的休憩空间。

（4）一楼与地下室的楼梯因动线的规划而封闭，却也成为一个有趣的角落。（5）店主的印刷铅字收藏，成为书店内的一个艺术装置。（6）原来浴室贴瓷砖的浴缸，也成为一个另类的书架。（7）一楼地面刻意裸露的结构，可以看到原始的双层钢筋。

Q：翻新老宅时有哪些注意事项？遇到困难时如何解决？

A：房子不使用，季节变化就会导致各种问题。我们从顶楼防水抓漏开始，水电也重新接管铺线，花了很多时间从顶楼慢慢向下做，尽量从根源上解决问题。但老宅状况多，其实很难真正解决。

破开地面产生流动气场

在1966年建造的书店由三栋房子组成，四十多岁的房龄也不算特别老，原先是商住混合的印刷厂，后栋则是作为员工宿舍与仓库使用，但在蔡汉忠进驻前已闲置了十几年。2008年他开始阶段性地整修这三栋房子，其中前栋右侧一楼与后栋作为书店经营，两年后，左侧一楼与二楼则成了咖啡店小说咖啡聚场，目前三楼也正在规划一处文艺展览空间，近期即将开放。

考虑到效益、租约长短或行业、风格的不同，选择的老宅修缮方式也很不一样。有些行业甚至允许突显老宅的破旧，但书店却不行，因为书最怕的就是潮湿，而且二手书也相较脆弱。因此，蔡汉忠必须花更多的精力处理房子基本的漏水与水电管线问题。为了让书店的出入动线顺畅，也连接前后两栋房子，将原来的浴室改造成过道，并加上透明的房顶。瓷砖浴缸也保留着，作为一个小小的室内造景，再摆上植物、圆桌、板凳，就成了一个充满户外感的休憩处。

越过室内小庭院就是后栋的主要卖场，第一眼就令人震撼：地面上两个像是被炸开的大窟窿赤裸裸地露出了地下室：一边是跨越两层楼的巨型书架，占据了高达6.2米的整面大墙，一架毛竹制成的长梯跨踞其上；另一边则露出了一片双层的钢筋，透过交错的金属线条，可以窥见地下室的一举一动。

蔡汉忠最初将这里设定成一个小剧场，因为采光并不是很好，传统的仓库总是比较阴暗潮湿，见不得人的东西都堆置于此。但是，考虑到通风、空调、采光，最后决定把地下室打开。虽然这样减少了使用面积，对旧书店来说也降低了使用效益，是奢侈地浪费卖场空间，但这样的空间留白却让书店更立体、更开阔，也让人更愿意在里面逗留。

人与老宅的互动共生

书店隔壁的咖啡店小说咖啡聚场，外观同样充满书卷味，直接由旧书堆砌而成的大窗框，暗示了它与书店的关联。和书店较朴实的开放式空间风格不同，咖啡店的设计呈现的细节更精致。木头、书、纸张是这里的主要元素，几面长窗自外面引入绿色风景，伴随着自然天光与音乐，构成了淡雅的氛围。

"我觉得要活化一个老宅，除了突显建筑老宅的优点之外，还必须把人带进去，在人走动的过程中，分享、感受那种'好的气味'。这种由人而生的气场，无形中从点、线到面，营造出立体的氛围。它也可以反过来吸引人、改变人，这就是老房子的意义。"

蔡汉忠说，逛书店不仅是买书，而且是从一个人出发去书店就开始的过程。虽然网络化的时代可以迅速得到想要的东西，但却让人错失了很多周边的惊喜——可能是其他三本有趣的书，也可能是路上一片美丽的街景。"老房子应该与街道、城市联系在一起，而不是单独去突显特色。这样的环境不是现代都市刻意规划出来的。走在这样的街道上，步伐会自然而然地放慢，可能因为呼吸、天气、风、一棵树，你的心情也随之舒缓。这些缓慢的细节，就形成了相应的文化生态。" ●

Q：挑选了哪些对象用于塑造店内风格？

A：大致上是以一些与印刷相关的收藏点缀空间，像版画、地图等小作品，还有打字机、印刷铅字组等旧物收藏，给空间增加活泼的趣味。家具和灯具部分则是从实用性出发，二手的板凳、老沙发和新产品混合使用。

8

（8）咖啡店暗示性地保留了一些老建筑的痕迹。
（9）在草祭，书不仅是商品，也是最重要的装饰物件。

9

C 现代透天厝 Wire House | **10**

Wire 破屋

斑驳锈蚀包围着的温暖真性情

我把工作、生活都融入老房子里。这就是我的生活。

台南 房龄 **77** 年

〔店主〕林文滨

破屋，房如其名，残破的外表，颓废却很有个性。这样的空间真实、原始而不媚俗做作，也反映了店主林文滨的率真个性。他以多年收藏的旧物构成独特的氛围，老房子与老物件完美结合，为老空间营造出突出的前卫个性。text：张素雯　photo：Adward Tsai Te-Hua

〔Wire破屋〕 ☞ 台南市民生路一段132巷5号（裕成水果店旁巷内） ☎ （06）228–7219 🕐 周一、周三至周五：
18:00–次日02:00 ／ 周六、周日：10:00–次日02:00 ／ 周二休 Ⓦ blog.roodo.com/kinks

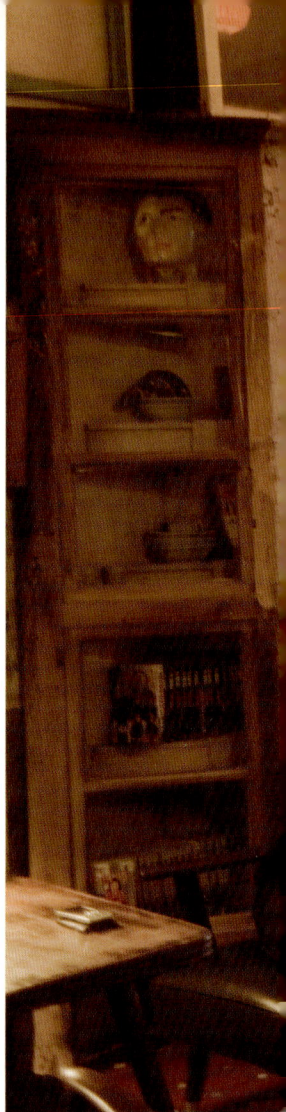

1

——天色渐渐转暗，傍晚时分来到这家位于窄巷中的破屋，穿过红色地砖掀起一半的小前院，眼前带着铁栅栏的门，勾起了许多回忆。昏暗的店内，微弱的天光透过铁门窗窗进来，店员正在打扫，牛头梗Hinoki则守在通往二楼的室内楼梯上，显得有点焦虑，直到林文滨推着自行车进了店门，看到了主人的狗才按耐不住吠了起来。

及肩长发、锻炼过的身段与紧身T恤，一眼就可以看出店主是个玩摇滚的。31岁的林文滨，不仅玩音乐，也是一个重度上瘾的旧物收集狂。23岁就开始收藏旧物，光是沙发就累积了250张左右，其他的杂物更是数不胜数。因此，为了容纳和分享这些旧物，他在25岁时开了第一家餐厅——Kinks老房子，将1945～1950年的砖造院落与华丽迷幻的酒吧结合；2009年他又开了这家Wire破屋，同样是以老房子搭配旧物，将透天楼房与铁窗古董结合成一家美式餐饮酒吧。此外，他还拥有一家民宿——铁花窗，也是以老房子改造成波普风格的复古民居。"就是喜欢，所以自己搞。"以同样的模式打造三家店，却呈现出完全不同的趣味与风格。

颓废的铁窗拼贴

据说此处原本是一家印刷厂，但已废弃30年之久，前房主在上世纪60年代做过一次翻修，因此大致上维持着50年前的风格。房子格局方正，不管是规划动线，还是陈设物品、播

Q：翻新老宅花费的费用和时间？

A：每层使用面积为81平方米的两层楼，花了两个多月的时间翻修。几乎都是自己动手，没有额外使用木料，木工也主要是固定旧物，花了不到1万台币，水电花费得较多，大约5万。这里每一根钉子都是自己亲手钉的，也省了一大笔工钱。但家具都是经年累月搜集而来，费用已经不可考。

（1）破屋店内装满了琳琅满目的家具和旧物。
（2）金钢砖、铁窗与铁栏杆，台湾味十足的建材却有着前卫的新诠释。

2

3

（3）吧台也是用废弃的窗户架成。（4）医疗类旧物营造出了一种诡异的
气氛。（5）斑驳的墙面或用铁窗阻隔，或直接裸露出砖造结构。

4

5

Q：翻新老宅时有哪些注意事项？遇到困难时如何解决？

A：因为房屋老旧所以会有墙面剥落、粉尘乱舞的状况，用铁窗覆盖可以让客人避免弄脏自己。这里的装修素材都是二手的旧物，比较大的工程就是把它们拼装固定起来。

放电影，都方便利用。林文滨在翻修时基本维持了原来的结构。不过一进门就能看到，各式各样的铁窗布满了墙壁。这些他特别搜集的铁窗与金属构件，是这家店的基本构成元素，也呼应了店名 Wire。斑驳锈蚀的金属和褪色剥落的油漆，有种他钟爱的颓废感，融入了空气中。"铁窗和门的搭配，打造出沧桑感。但同时又让人很亲切，毕竟这些都是取自生活中的用品。"

其实这样的设计还有一个简单现实的原因，即墙壁老旧且有一些剥落的粉尘，不能让顾客碰到，但又希望保持原样，所以他就用铁窗隔着，既可以让人看到房屋之前的斑驳，又不会弄脏顾客。也有一些人不认同这种美感，说这样的画面会影响食欲，但他却仍然坚持自己的想法。"这本来就是老房子最真实的一面，我不想刻意去掩饰，我喜欢原始、粗糙的感觉。与其说是'翻新'，不如说是'翻旧'，去呈现它原本的模样，而不是矫情地装饰。"

被旧物包围的温暖

一进入店门，来访者就会发现自己被琳琅满目的旧物包围，从旧家具、灯饰、玻璃、海报、家电、黑胶唱片、公仔，到一些你说不出名字却会让你惊呼的各式小物。林文滨说，他就喜欢被旧物围绕着。"就是喜欢那种老味道的氛围。"这也是破屋的最大特色，被这么多物件包围着，客人们也会觉得温暖。

在改造中他很快有了想法，然后从自己的收藏中去抓取合适的元素，并加以拼凑组装。看似随意的组合，其实都是仔细规划丈量，画了设计图后才施工的。"而且我的收藏够多，不然就算有想法也不见得弄得出来！"虽然店里塞满了收藏品，但林文滨在陈设时都用心规划，因此不会显得凌乱无章。"我喜欢制造一些视觉刺激，东西很多就会觉得很丰富、看不完。"不过，同样是拼凑现成物，却不是每个人都可以将它们拼出美感。"或许需要一点天分吧，但我觉得用心才是最重要的。而且你还要对老东西有一种执著，如果你对它们没感情，弄出来的东西自然也就没什么感觉。"

另外，这个店里也收藏了许多医疗用品，如各式人体器官模型。林文滨喜欢恐怖漫画家伊藤润二，恐怖收藏也是他的兴趣之一，因此他让这家店有了一种淡淡的诡谲与黑色的意味。

摇滚人坚持的信念

林文滨在开店前玩过乐队，也曾经在诚品音乐馆工作过很长一段时间，因此破屋里播放的音乐都是他精选的。从老摇滚、另类、重金属到爵士、极限、环境音乐，范畴多元，却有着他的风格与主张。他说，不好的音乐会让人吃不下饭。

热血的摇滚人，表达方式率直而真诚。"老房子对我的意义？ 就是我要住老房子！死都要住老房子，从一而终！"问及他住老房子是否舒服时，他的回答也很巧妙:"不舒服也要舒服，因为我喜欢!"虽然老房子在硬件上绝对没有现代房屋舒适，但他觉得被喜爱的东西围绕的生活氛围更重要。他就这样忠诚地对待自己的信念与感受，为此不怕吃苦，哪怕看起来并不实际。

"很多人会把老物件当成一种流行趋势，我讨厌这样的想法，如果真的喜欢就应该坚持下去。"他说这跟听摇滚乐是同样的道理，如果你只是盲从于现在流行的音乐，你不会明白自己真正喜欢的是什么。"至少我是真的很喜欢才去做，不是为了赚钱，而是把工作、生活都融入其中。这就是我的生活。"●

Q：挑选了哪些对象用于塑造店内风格？

A：为了呼应店名，破屋以铁窗作为主要元素。一楼以阅读空间为概念，有大量的书和书柜；二楼用于放映电影，主要是恐怖片，所以用了一些医疗用具来制造氛围。

6

（6）二楼的墙面是以加有铁窗的门装饰拼贴而成。
（7）生锈的金属、废弃的家具与残破的墙，通过店主的创意，产生了独具风格的美感。

7

D 聚落式住宅 Tadpole Point　　　　　　　　　　11

尖蚪探索食堂

在世外桃源感受家一般的温馨气氛

老宅就是家，
在这里，
你能将过去与现在联结。

台北　房龄 **40** 年

〔店主〕阿发　〔店主〕小嬉

位于宝藏岩国际艺术村内的尖蚪探索食堂，为老宅做了最完美的配置，保留原本的格局结构，唯将后院改建成电影投影间。以旧物摆设，运用再利用的概念，搭配房主个人的艺术美学，让这里，从老宅变成了食堂兼当代文艺空间。text：李昭融

photo：Adward Tsai Te-Hua

〔尖蚪探索食堂〕 ☞ 台北市汀州路三段230巷57号（宝藏岩国际艺术村内） ☎ （02）2369－2050 ⏰ 周二至周五：15:00－23:00 ／周六、周日：12:00－23:00 ／周一休 Ⓦ tadpole-point.blogspot.com

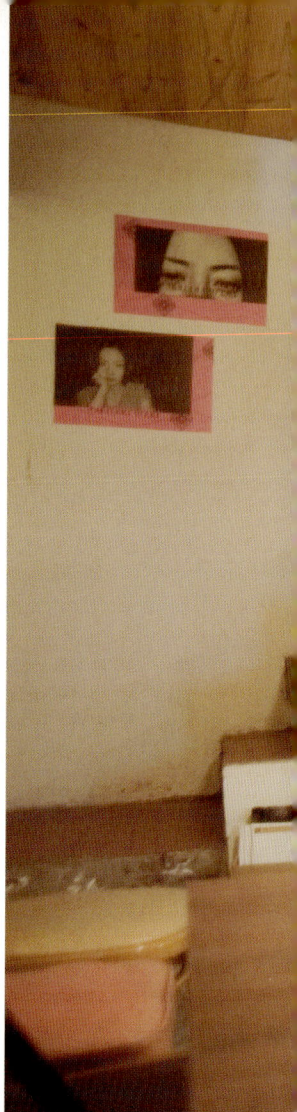

——绵绵细雨的午后，从公馆地铁站步行约十分钟，恍如走进了另一个时空——这是位于汀州路三段的宝藏岩，这块被规划为国际艺术村的地方，无疑是闹市中的小小乐土。静谧悠闲的气氛，能瞥见城市的嘈杂而不受干扰，还夹杂着驻村艺术家的作品。在这块混杂现代与过去，艺术与原生的土地上，钻过蜿蜒的巷弄，爬过绵延的缓坡，就会看见尖蚪低调的白色灯箱招牌。这里，就是阿发与小嬉口中的家。

经营尖蚪的阿发和小嬉姐妹斯文秀气，与尖蚪呈现出的文艺氛围不谋而合，虽然2010年10月才正式开张，但她们与这块土地的缘分得回溯至四五年前。"那时我跟妹妹在附近的创意市集摆摊，我设计摄影的笔记本，妹妹贩卖碎布做成的小物件，都只是业余。没想到却因此遇见了宝藏岩，那时这里才刚开始筹备，但我们一眼就迷上了这个离市区很近的世外桃源。"阿发悠悠地说着。

故事就这么开始了，和所有浪漫的爱情故事一样，她们对这栋老宅一见钟情。原本只想申请驻村工作室，但由于宝藏岩的规划，这栋房子必须用于经营，两人争论了一番，最后因为太喜欢这里，决定硬着头皮试试看。"我原来的计划是当个民宿老板娘，却遇见了这栋让我难以割舍的老宅。它的格局很可爱，每个隔间都小小的，最特别的是后院有一棵百年榕树，从窗户望过去，榕树盘结的树干跟艺术品一样，你会感觉它在呼吸，是有生命的。"

Q：翻新老宅花费的时间？
A：只花了一个多月的时间。

2

（1）尖蚪的阁楼有着浓浓的复古气息，咖啡色皮革沙发和橘色台灯营造出的气氛，让时间仿佛就此停止。而连接一、二楼的楼梯以红砖铺成，虽然窄窄的，却有着独特的风情。（2）尖蚪不定期推出的季节性餐点是许多熟客的最爱。

3

（3）二楼的塌塌米区虽分为两张桌子，但因为距离很近，常常让两组互不相识的顾客自然地聊起来。（4）吉他、盆栽和藤编小物，配上温暖的光线，让室内生机勃勃。

4

Q：翻新老宅时有哪些注意事项？遇到困难时如何解决？

A：动线、格局和结构要维持原状，否则就会失去翻新的意义，而变成改造。

以创意克服预算

宝藏岩的房屋因为其特殊性，无法改变房屋的格局。阿发和小嬉为了通过申请，紧锣密鼓地在不到两个月的时间内，就把一切搞定了。从毛坯房到现在的模样，都是自己摸索和请教别人而来，从无到有说来简单，但谁都知道没有太多资金预算时，有多辛苦。好在老宅屋况颇佳，除了接管线等重要工程和容易漏水的小问题外，其他方面都无须两人操心。这里的桌面都是手工磨成的木板，放杯子的层架也是手工制作的，充满手作感的物品不仅带出了老宅原生的风情，也节省了预算。而将老房子的门板当作层架，或是自行制作的书柜，都贯彻了再利用的概念。尖蚪的灯具更是独具风格，每一个都有故事。可能是从跳蚤市场挖来的宝物，或是出国旅行时的纪念品，在老宅娴静的气氛里，垂吊灯饰那温热的光源，似乎也在诉说着一段段往事。

读平面设计与建筑的两姊妹，将美学妥善运用至此空间。"这里的东西都有点温馨的家庭味道，不过没有特别以怀旧为主，而是我和妹妹本来就有搜集旧物的习惯，所以很自然地变成现在这样。"打字机、胶片相机、老风琴、旧式收音机、4D立体解剖的青蛙模型……旧物点缀了空间，也让老宅更迷人。

充满人味的历史空间

在重新装修的过程中，阿发与小嬉刻意维持原本的屋梁结构，完整保留聚落的特殊房屋纹理，原汁原味地呈现老宅被时光淬炼的美丽。老宅内没有摆放过多的桌椅，为的是让顾客拥有不被打扰的私人空间。前身为后院的空间格局方正，是改变最多之处。两姊妹在天花板处搭上了大片玻璃和木头窗棂，半露天的设计让自然光线照进老宅的每一个角落。而四面的白墙正好适合作投影幕布，喜欢看电影的阿发每周三和周四在此播映电影。"其实是我私心希望能一边做菜一边看电影。"阿发充满玩心地说着，而她选的影片皆为主题式，像画家、音乐或类型、风格系列的作品，专业程度甚至能媲美小型艺术影展。

沿着些许斑驳的砖红楼梯往上走，则是专属于老宅二楼的另一方风景，保有完美焦糖色泽的复古沙发与上世纪70年代的编织抱枕映入眼帘，衬着橘色台灯的幽幽光晕，时光仿佛停止了。另一侧的塌塌米是小嬉最喜爱的地方。"这个地方很神奇，可以拉近人与人的距离，常有两组顾客到最后聊到一块。老旧房屋最有趣的地方就在于，它永远会在意想不到的地方给你惊喜。"

不难发现，尖蚪独特的气氛，让这里的经营气息几乎消失，而这也是阿发与小嬉的原意。"我们喜爱这里，想让更多的人知道这里，却不想让这里变得太过商业化。"

坚持不妥协

虽然两人从没打算做食堂女主人，但尖蚪的食物和饮料广受好评。父亲为厨师的阿发对家常菜总有独具一格的巧思。"男子汉定食"和"探索定食"等季节性的餐点轮番交替，来了才知道今天的惊喜是什么。食材全选用新鲜的，连老姜都是父亲在嘉义自种的。还有招牌胡麻豆腐和小嬉的蔓越莓柠檬冰沙，两人擅其所长，实为一绝。"刚开业的时候很惨，食材的量抓不准，人手不足，常常两个人做到凌晨三点才结束。还好现在有很多顾客会帮我们，感觉真的很像是自己的家。"

除了与志同道合的顾客互动，对两人而言，最珍贵的经历还是与老宅及这块土地的共生。"去年忙着开业时，根本没办法回家，只好睡在这里，虽然什么家具也没有，但却特别安心，早晨起来看到的是记忆中最美的日出，更觉得这个决定是做对了。"

尖蚪不只是一间食堂，它不仅和顾客作了联结，更与附近的居民礼尚往来。"我们将在今年夏天，替附近的小朋友办一个展览。"小嬉笑着对我说，眼中充满了憧憬。尖蚪原意为受到压力而尖叫的蝌蚪，看着忙进忙出的两位女主人开心的样子，相信此时定能淡然处之。●

Q：挑选了哪些对象用于塑造店内风格？

A：我们以家的概念为出发点，以让人安心的温馨风格为主。我们喜欢有点年代感的生活对象和家具，有些是手作的，有些是从二手家具店购买的，也有一些是从网上购买的。因为我们本来就有收集杂货的习惯，所以也拿出了许多自己的收藏品。

5

6

（5）负责制作饮料的小嬉和掌厨的阿发，在各自的领域挥洒创意，发挥所长。
（6）店内的装潢大多都是两姐妹自己的收藏品：设计杂志、4D透视青蛙模
型、黑胶唱片……

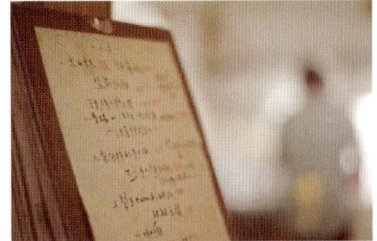

好，丘

凝聚台湾新与旧的原创力

老房子的记忆虽然遥远，
却也是留给下一代的
最美好的回忆。

〔总监〕大Q　〔企划〕小小

没有一家餐厅能像好丘一样，在开业短短半年内，迅速成为跨越年龄的热门去处。三张犁的四四南村，已然成为台北人新的世外桃源，在繁华的信义商圈，这片格格不入的老眷村幽幽地停滞，仿佛以一种微妙的力量将时光定格，并带领我们走向怀旧又摩登的当代风景。 text：李昭融　photo：Adward Tsai Te-Hua

〔好，丘〕 ☞ 台北市信义区松勤街54号（信义公民会馆C馆） ☎ （02）2758 - 2609 ⏰ 周二至周五：11:00 - 21:30
／周六、周日：10:00 - 18:00 ／周一休 Ⓦ www.streetvoice.com/goodchos

——在象征极度现代化的台北101大楼旁边，分布着一块低矮的平房区，看似突兀的景象却总是凝聚许多人潮。这里是四四南村，是1948年国民党迁台建立的第一座眷村，63年后，好丘进驻了这里，正式将老灵魂换上新生命。

由创办Simple Life简单生活节的中子文化主导好丘，音乐人张培仁以"做喜欢的事，让喜欢的事有价值"为出发点，成功让音乐与生活结合，更令低迷的唱片产业嗅出现场表演的前景。实际上，两年一度、为期两天的简单生活节不仅带来了一场音乐的盛宴，更宛如一股清流，默默在华山文艺特区汇集拥有相同理念的年轻群众与商家。不仅有来自世界各地的音乐人的现场表演，还筹划了Simple Market简单市集，让当地默默耕耘的小人物，有了更多露脸展示的机会。

简单生活的缩影

位于四四南村的好丘就宛如浓缩版的简单生活节，走到那保留着浓厚眷村风情的水泥墙后，举目所及就是一条放满各式台湾本地特产的长廊，在占地约500平方米的空间里，除了招牌的面包圈和茶类、咖啡外，从食品、生活用品、独立出版物到服装设计应有尽有，而这也是好丘名称的源起——Goodcho's（Good Choice的谐音），好选择。

"两年一度的简单生活节的确让我们做出了口碑，但毕竟筹备活动需要时间，当大家越来越认同我们在做的事情时，好丘就诞生了。"中子文化品牌发展部总监大Q如是说。于是，原来两年一度的简单生活节，就这样幻化出了新生命，以全新多变的风貌与大众每日相见。

Q：翻新老宅花费的时间?
A：三个月左右。

98

（1）好丘宽敞明亮的开放式厨房，让客人吃到美味又安心。（2）无论是年轻人还是全家老少，都能在好丘舒适的环境与轻松的气氛中找到一席之地。

2

（3）大Q从台湾各处收集而来的家具各有故事，而这些原本将被丢弃的物品，也在好丘再次拥有新生命。（4）好丘邀请艺术家大荷创作的童趣绘画是小朋友的最爱。

3

4

Q：翻新老宅时有哪些注意事项？遇到困难时如何解决？

A：最麻烦的一定是管线问题，以好丘的情况来说，我们请了专门的管线公司拆掉旧管线重新布置，老房子或多或少都有这样的问题，但如果能在翻新之初就注意管线问题，那么之后漏水的情况就会改善许多。

从厨房开始

因为是有着60年历史的老房子，好丘和普通老宅一样，需要先翻新管线。房子本身结构方正，因此并没有做大幅度的变动。而前有广场，占地约500平方米的主设计，则由禾方设计主导，以凝聚当地文化为主旨，在经过数次讨论后，决定以"灶脚"（闽南语的厨房）为设计理念。其实，中子文化找上禾方设计并非凑巧，早在规划好丘前，大Q就时常去探访台湾各地的老宅。其中，禾方设计打造的台中呼噜咖啡的简单设计给他的印象特别深刻，于是，就这样达成了之后的合作。

"厨房是台湾人生活中很重要的一环。毕竟民以食为天，从前的人吃饭、生活都在厨房，但这块空间总给人潮湿、阴暗、脏乱的印象。为了扭转这种印象，让现代人重回传统生活的核心，才想到以厨房为主要设计理念。"于是，好丘里最吸引人的景色就这样诞生了，在商品和用餐区之间的开放式厨房与透明的毛玻璃老窗户，不仅将厨房的精神以现代的方式呈现，更强调了绝对安心的卫生质量。

老物件新生命

配合着挑高宽敞的空间，这里的装潢简单温馨，并没有使用昂贵或为设计而设计的对象，而是尽量以自然和再利用的材料，打造出质朴温馨的味道。"只要气氛对就行了，无需华丽的装潢也能打动人心。"大Q如是说。其实，使用的木头桌椅、铁制台架和长条木凳都有自己的故事，大Q走遍全台湾只为了找到最合拍的家具。你会看见玩美文创拆解大同电饭锅做成的创意灯具、锈铁窗做成的后现代感的书架……种种创意皆在好丘激荡出更多新鲜的想象。"我想做出家的感觉，或许还有点中西合璧的概念，每个对象都有其设计语言，只看你怎么呈现。我们希望让顾客感到放松，所以我们的服务

101

生也故意不穿制服，让这里就像回到自己家一样。"

台湾当地的美好

好丘让人迷恋的不只是气氛，美味的面包圈更是来这里的最好理由。虽然由老眷村房屋改建而成，但好丘卖的可不是水饺和窝窝头，他们与知名面包店Le Goût合作，采用面包圈这种简单又容易发挥的西方面食，来表现台湾食材的特色。从樱花虾、芒果、菠萝、三星葱、南瓜、黑豆到蜂蜜，都是台湾产的，手工揉捏的面包圈有着扎实的口感，吃完后麦香在口中久久不散。但如果想吃的话可得趁早，通常过了中午面包圈就会全数售尽。在饮料上，除了香醇的咖啡，当地的传统茶更是大Q最推荐的饮品。吃完后，到长廊看看当地的优质商品，更能让你满载而归。

从好丘的窗户向外望去，即可看见信义区川流不息的车潮。大Q说："信义路好比一条分水岭，路的那头是国际精品齐聚的百货商场，只要跨越那条马路，走进好丘，就仿佛到了另一个时空。"而这样的空间，也给了台北人一个最惬意的理由享受美食、好茶和本地商品。店内不定期的展览和摊位，更让生活充满文艺与感动。或许正如大Q所言，老房子就像父母，为我们遮风蔽雨，即使眷村已成了过去式，但好丘以融合当地生活的方式，替老宅找回了最完美的新生命。●

Q：挑选了哪些对象用于塑造店内风格？

A：以家为概念，没有花大笔金钱打造奢华的装潢，而是从台湾各地慢慢搜集想要的物件。大多都是二手货，风格不拘，毕竟一个家里面一定会有一些中西合璧的元素，所以没有特定着眼于某个时期或某个风格的家具。

（5）许多客人会将二手书带到好丘，与更多的人分享。
（6）与 Le Goût 合作的手工面包圈是店内最热门的商品，结合当地食材的新奇口味是最佳卖点。

Z 书房

艺术的感染力在废弃市场中蔓延

把环境带给你的东西，再整合、再创造一个空间出来。

台中 房龄 42 年

〔店主〕小雨

一栋市场里的透天厝，被艺术家亲手翻修成一个充满个性的文艺空间，与市场废弃杂乱的原始环境，形成了耐人寻味的特殊氛围。艺术的概念，在此成为一个空间改造的精神，而在这个小区中，这些空间的改造行动，也化身为一种艺术的社会实践。text：张素雯 photo：Adward Tsai Te-Hua

〔Ｚ书房〕 ☞ 台中市五权西路一段71巷3弄2号 ⏱ 周四、周五：17:00 - 21:00 ／周六、周日：14:00 - 21:00 ／周一至周三休 Ⓦ zspace.pixnet.net/blog

——美术馆前五权西路的绿园道，是台中市最具人文气质的一个区域。街道中央分隔带浓密的绿荫之下，各色风雅的餐饮店、咖啡座、画廊林立，小资式的精致生活，在这里充分体现。

但就在街上的咖啡店与艺术空间之间，一条暗暗的小巷道，却引领你瞬时进入另一个跳脱的时空：巷道内堆放的鞋柜、冰箱与杂物，随意停放的破旧自行车与摩托车，踩着拖鞋奔跑嬉戏的孩子，以及在家门口的户外厨房挥着锅铲的老太太……仿佛半个世纪前才存在的大杂院里，有着另一番鸡犬相闻的生活风景。

这里不是孟买的贫民窟，而是一个有40年历史的传统市场。1969年建立的"忠信市场"，并不是自发聚集而成的临时性街头市场，也和现在的正规市场不同。三层楼高的浪板顶棚之下，一条回字形的巷子，串联着一户户街屋摊位。一楼是店面摊位，二楼以上则是住家，是少见的商住混和建筑。受市场规模的影响，每户的楼层面积都不大。几十年下来，居民的使用需求与习惯日益改变，狭小的室内空间不敷使用，许多杂物就被堆置在巷道内，多少让人感觉拥挤杂乱。

但就在市场入口处，有一栋外观漆成白色的房屋，又和这里的市场风景截然不同。一个铁焊的英文字母"Z"高挂在同样是由铁焊成的门边，与大门对应的一大面落地窗，同样是铁焊的窗框。名为"Z书房"的这家非营利性艺术空间，以空间的形式成为艺术家小雨与邱大哥创作的作品。

Q：翻新老宅花费的费用和时间？

A：四层共约106平方米，花了近一个月时间翻修。除了基础工程外，都是自己处理，花费70多万台币，不含家具。

（1）破败的市场中，白色外观的 Z 书房十分醒目。
（2）台湾常见的铁窗，加上了一点巧思，就成了一个美丽的角落。

2

3

4

（3）高于市场顶棚的四楼，窗外是各式房顶的都市风景。（4）画廊空间的需求极简，但在细节上仍可以看出个性。

5

（5）作为交谊空间的顶楼，大大敞开的铁框窗户是艺术家亲手打造的。

Q：翻新老宅时有哪些注意事项？遇到困难时如何解决？

A：因为动线、采光的需求，结构做了相应的变化。有些墙面敲掉了，所以需要重新强化结构，而且针对设计需求，管线也重新铺设。

理想文艺空间的实现

这两位年龄加起来过百的个性熟男，文艺圈的人都很熟悉他们。人称邱大哥的邱勤荣是台中画廊"107"的负责人，本名蔡志贤的小雨除了是一位钢雕艺术家外，也是服装品牌"小雨的儿子"的负责人兼设计师。这两个志气相投的超级搭档，不但总有好点子，还有满满的热情与行动力。而他们俩的默契，不仅让忠信市场充满文艺气息，Z书房更是两人理想文艺空间的实现。

当初小雨与邱大哥找到这个市场小区，租金低廉且有不少空房，在他们的号召下，几个各具特色的小店陆续进驻，包括橱窗艺术空间"黑白切"、性别书店"自己的房间"、电影工作室"小路映画"、坚持使用胶片相机的"CameZa写真事务所"，以及贩卖二手杂物的"忠信民艺"，这几个文艺商店的聚集，开始吸引一些对艺术、文创有兴趣的民众前来探访，也让这个神秘而奇妙的市场小区渐渐受到关注。

"我们之所以翻修这个地方，不是为了别人，而是为了自己。"小雨说，Z书房的诞生，其实是他和邱大哥想要打造一个可以和好友一起喝酒、聊天的地方。所谓的书房，就像古代竹林七贤聚在一起清谈的地方一样。"当初想把它当成一个老人院，像是最后一站，就是最后一个字母'Z'。"于是邱大哥动脑筋，小雨动手做，两个人的想法很契合，不需要讨论，在充分的信任和默契下，创意互相激荡。"只要聊几句就能解决。"Z书房完成后，两人又改变了心意，决定将这个原本只想私藏的空间与更多人分享，于是将这里变成了一个艺术展览空间。

老房屋的新姿态

小雨在设计Z书房时，是以艺术家的角度设计的，但实用和创作之间还有很大差距。"我只能在其中找到一个平衡点。"虽然小雨的空间设计走的是艺术形式，但设计的主轴还是与环境的感受有关。"环境虽然是抽象的，但它的确是一个很重要的思考因素，也就是把环境带给你的东西，再整合、再创造出一个空间。"

这栋透天厝是由两户打通而成，四楼加盖的部分越过市场的顶棚，楼上的风景就像是登上雨林的树梢顶端一般，脚下踩着一片由铁皮、浪板构成的树海。因为动线、光线的需要，小雨大幅度地调整了房屋的结构比例。例如，一楼和三楼有一些横向长条形的开窗；二楼洗手间的设计令人惊艳：钻进宽度缩减一半的窄门后，中岛式的洗手台与马桶在房间正中央，旁边则有书架、沙发、小屏幕，轻松而舒适。

因为是画廊，所以整体设计还是以极简风格为主，保留了大部分的墙面用于展示艺术作品。但最初的设计是聊天、喝酒、活动的地方，有较多生活化的功能，所以和正规的画廊相比，空间更零散，不容易布展。"但你还是要有姿态啊，没有姿态的话会软趴趴的。"

而其他铁花窗也好，旧家具也好，这些材料可能来自四面八方，并不是都是小雨做的，但都在这里和谐共存，都像是小雨的作品。"反正不管是什么东西，都要把它吸纳进你的风格里，你可能以为这是我做的，但其实并不一定。这就是主轴对不对的问题，"小雨说，"到底要不要说它是一件作品，我也说不上来。但你要我去做个普通商品，我的确做不出来。"

艺术能量的传递

因为艺术的进驻，忠信市场得以重新被发现、被认识，但其实小雨他们从来没有改造小区的想法。"因为本来就不可能改造，社会的文化层次本来就是各取所需。我们并没有想要改变居民的心态，甚至，能被他们接纳，我们就已经很感激了！"

毕竟，要让普通人去理解艺术是比较难的，但在潜移默化之中，的确有一些不容易看到的影响。小朋友是最容易自然融入这些空间与文艺活动中的，而居民也从好奇观望到让自己的孩子参与活动，一切都自然而然地缓慢进行，而谁又知道这些小小的种子会在未来爆发出什么样的能量呢？ ●

Q：挑选了哪些对象用于塑造店内风格？

A：Z书房里的部分家具是一半时间居住在纽约的邱大哥在美国收集来的二手设计家具，其他的则是小雨找不到喜欢的家具或灯具时，随手利用身边的素材创作的。虽然是生活的东西，但还是要有一定的艺术性，尤其要抓住比例，避免工业成品家具破坏了整体格调。

6

8

（6）二楼厕所其实也是一个书房，极窄的通道像是恶作剧一般让人必须侧身进入。（7）艺术活动直接进入小区，最热衷参与的是小居民。（8）由艺术系学生义务参与的公厕改造。

7

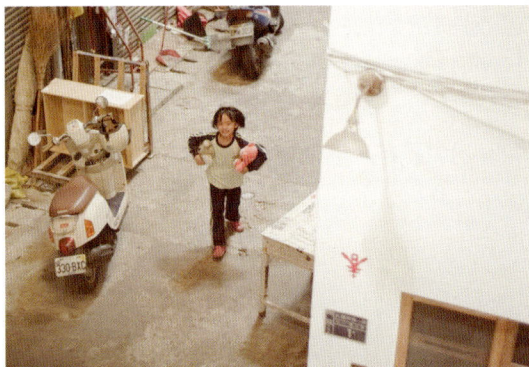

谢宅西市场

复刻记忆里的怀念时光

老宅陪我们一起长大。
留下这个房子，
随时可以找回美好的记忆。

台南　房龄 **50** 年

〔店主〕谢小五

迂回的市场中，一道坡度为85度的楼梯，通往充满温暖记忆的原乡。曾是一家人居住的这栋房子，在谢小五的号召下，邀请年轻建筑师与老工匠齐力参与翻修，利用回收材料与传统工艺，赋予老房子新的设计比例，重新打造成能吸引年轻人的日租民居。 text : 张素雯　　photo : Adward Tsai Te-Hua

〔谢宅西市场〕 📧 台南市西门市场1号 ☎ 0922－852280 🕐 入住：15:00之前 ／离店：次日 11:00 之前 Ⓦ www. wretch.cc/blog/ohworkshop

——台南人称之为"大菜市"的西市场，以贩卖各种新鲜货品、舶来品、杂货、布料而成为旧时台南最大的零售中心。二战后，随着民众消费习惯的改变与商业中心的转移，西市场逐渐没落成为区域性的市场，当中唯有布市仍持续活跃，吸引了许多服装系的学生与手工艺爱好者在此流连。

市场大棚子下，一间间紧邻的布行串联成如同迷宫般的市场街道，商住混合的街屋形态如同日本的商店街。如果没有巷内人的指点，不会发现这家隐身市场当中的日租房"谢宅"。顾名思义，谢宅原来是经营布庄与服装生意的谢家人居住的地方，一楼是店面，全家五口则居住在二到五楼，人称"小五"的谢宅负责人谢文侃，就是在这个市场里长大的。

从一楼到二楼有一个近乎垂直的狭窄楼梯，爬上了它就算是进了谢家的大门。小五解释道，当初为了让店面空间最大化，才把楼梯设计得如此窄小。普通人要爬上这楼梯都要费九牛二虎之力，更何况是中风的父亲，于是谢家在五年前决定搬离西市场。

虽然搬离了老房子，但为了保存在这栋老房子中的记忆，也为了将这样的居住经验与更多人分享，谢小五和同样喜欢老房子的同学游智维，一起成立了老房子事务所，招募了多位建筑系的学生志愿者，通过举办活动，串联台南各个老宅，凝聚保存老宅的风气与力量。事务所的第一个案子就是谢宅日租民居。

1

Q：翻新老宅花费的费用和时间？

A：115平方米的空间，十个月完工，总共花费约160万。主要是工钱，花费算是少的，我们有三十多个台南成功大学建筑系的志愿者协助，如果没有他们的帮助，会更费力费时。

（1）三楼餐厅与厨房，以木窗户区隔，让厨房就像一个舞台，能与用餐的家人或朋友直接互动。（2）85度的楼梯，对来访者是新奇的挑战。（3）顶楼宽敞的浴室，有个可以放松的角落。

4

（4）二楼起居室以木头架起隔层，成为一个可以躺卧阅读的书房。
（5）蚊帐、旧碗橱与磨石子浴室，怀旧的家庭气氛，让寄宿谢宅时像回到了老家一般。

5

Q：翻新老宅时有哪些注意事项？遇到困难时如何解决？

A：第一个问题就是原来从市场进门的狭窄楼梯口，任何重型机械都无法上来，因此所有工程都要靠手工。而且每个空间我们都做了三个以上的模型，因为一面墙拆了就没了，不容许我们边做边改，每一个讨论都希望是从模型上确定结果。老房子就像老人一样，有太多毛病，即使毛病治好了，它还是一个老人，修复永无止尽，这也是我们平常在做的事情。

"我们的想法就是，整理出这样一个老房子，让人们喜欢它，反之也影响人，重点是一种分享。"谢小五说，老房子再利用劳心劳力又花钱，但如果只处理表面，它仍然会持续恶化。"如果现在你真的很想保留老房子，就得花一笔钱，最好就是花在自己的房子上。"

一家子的生活感营造

规划为日租住宅后，谢宅的空间格局并没有太大的改变，大致上保留了原本的70%，也就是主结构保持不变，其他30%则是可以让这群年轻人发挥的地方，包括一些比例的改变与功能的增加。房子本身最具特色的磨石子，与水泥、木头等其他材质结合，以现代的设计比例重新诠释老空间与材质。"我们的任务是保留老房子，目的是一定要让没有体验过老房子的年轻人也喜欢上这里。"小五说。

一般传统透天厝的设计都是一层一个房间，但小五与同伴们反复讨论后，决定在空间使用上更强调"一家人"的感觉。"虽然一间间地分租可以更有效地回收成本，但我还是希望它像我原来的家一样，可以让一家人或三五好友来这里分享老宅。"因此，谢宅虽然有四层楼，但其实房间只有一个，就是位于四楼的榻榻米大通铺。"我们讨论了很久，最后还是觉得可以听到彼此呼吸声的大通铺，才有一家人睡在一起的感觉。"

而原是父母房间的二楼现在则是起居室，并以木条架出一个小隔层，成为一个开放式的书房。顶楼原来姐姐的房间，变为一个超大的浴室，旅客可以在老师傅手工打造的磨石子浴缸里，用产自七股的海盐泡一个完全放松的减压澡。三楼则是全家人相聚的餐厅与厨房，垫高的厨房像是浮在空中，"我希望厨房是一个景，对于煮饭的人来说，这是一个舞台。"厨房天花板作自然采光，中午时，光线会自然地洒落进来，并利用两个相对的窗户，直接带入户外的风。"即使有阳光照射，因为有风，所以不会觉得热。这就是建筑，考虑空气、阳光和水。"

翻修后，有些地方倒是变回小五小时候记忆里的样子，比如原来三楼户外就有一个像现在的空中庭园，但当时因为孩子长大需要房间，因此将花园的地方围成房间，现在则把加盖的房顶拿掉，让它恢复成院子，保留后来加上的墙，打造成一种半室内花园的感觉。

就在我们聊天时，一只野猫就在外面的花园里闲逛，对于这样的擅闯民宅，似乎早已习以为常。小五说，台南人爱吃鱼，因此市场附近引来了许多野猫，吃饱喝足了就上房顶来晒晒太阳。"这里的猫也很懂得生活。"

生活细节中的富有

圆板凳、老电扇、折叠式的磁带录音机、附盖子的老书桌、8厘米放映机……小五说，这里的每个物件和每个角落，都有他的回忆与故事。这些物件都是曾经生活在这里的人使用过的东西，从它们的样式来看，这家人当时的经济与生活水平都不低。

捧着一盒新鲜的当季草莓招待来客，小五说，这是水果店刚刚送过来的。他说，台南士绅文化的传承下，台南人的富有并非表现在名牌服装或豪宅上，而是表现在对生活质量的追求。可能是一篮新鲜的水果，一碗鲜美的牛肉汤，或是闲暇时玩玩电影的小兴趣，经过几代的沉淀，富有表现在这些看似微不足道的生活小细节里。

从小学画，浸淫在台南浓郁的文化氛围里，小五比很多人更知道什么是美，也更珍惜这些资产。因此，即使保留老房子面临着诸多困难，这群年轻人还是继续坚持着。"当全世界都在盖新房子，每个城市都一样，这样生活还有什么意义？古迹离我们太遥远，而老房子就触手可及。我们想要的就是联结，心跟房子的联结，让老房子的记忆可以延续、传递。" ●

Q：挑选了哪些对象用于塑造店内风格？

A：为了与原本建筑的磨石子建材呼应，三楼的厨房料理台、五楼的浴缸，是请老师傅手工磨石子做出的新设计。除了磨石子外，还邀请另外四个老师傅重出江湖参与设计，包括榻榻米、蚊帐、棉被、磨石子和竹子，都是使用传统工艺制作出的有现代比例的设计。

6

（6）三楼户外的大阳台，保留原来房间的墙面，成为一个半室内的秘密花园。
（7）磨石子的元素出现在谢宅的各个角落中。

7

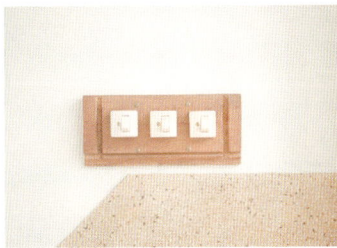

Suck Lounge 92

微醺中啜饮历史深藏的美好滋味

老房子是我们翻修时最大的难题，但后来也对我们帮助最大。

台南　房龄 **55** 年

〔店主〕Calvin　〔店长〕Jerry

邻近赤崁楼、大天后宫的这条小小的新美街上，一家小酒吧隐身在一栋历史味十足的老楼房中。老木头上镶着霓虹灯管，盘绕成的几个字母组成了不显眼的小招牌，与画着门神的大门相呼应，历史感的建筑与新潮的饮酒文化结合，注入不同于一般夜店的空间况味。text：张素雯　photo：Adward Tsai Te-Hua

120

〔Suck Lounge 92〕☞台南市新美街92号 ☎（06）226－0045 ⏰周日至周四：20:00－次日03:00／周五、六、节假日前一晚：20:00－次日04:30 Ⓦ www.wretch.cc/blog/lounge92

1

（1）垂直感的大型落地窗，与布幔、吊灯的结合，让空间有种欧式的典雅。
（2）霓虹灯管幽暗而低调，反倒是门上的门神更像是Suck的招牌。

2

——夜晚，在寂静的台南老街上散步，温暖的南风吹送着不断变化的时空，未曾消逝的风华仍在街角巷弄中隐隐散发着迷人的香气。这时，或许一杯陈酿的好酒，可以稍稍慰藉一点唏嘘之感。

在小小的霓虹灯光的指引下，信步走进这家外观让人摸不清卖什么的酒吧里，门口没有夜店黑衣墨镜的保安，倒是有秦叔宝和尉迟恭两位大将守护着。

Suck Lounge 92位于旧称"米街"的新美街上，在上世纪70～90年代一度是台南最繁华的地带，可以说是富商豪族的厨房，后来因为经费不足，无法进行城市更新而逐渐没落、废弃，但也因此保存了最多、最完善的老房子。酒吧所在的这栋三层楼房，是台南知名地主城阿全于1956年建造的，目前由其侄系孙辈城仲谟家族所有。2004年，Calvin租下这栋楼房，一楼作为店面，楼上则是住家，这家Lounge Bar也成为台南最早在老宅中经营的夜店之一。

历史风情的保留

目前迈入第七年的Suck Lounge 92，店主Calvin兄弟两人各有主职，基于对品酒的兴趣才开了这家夜店。"喝酒不用钱，家住二楼也不必担心酒后驾车问题，所以经营起来也没有太大的压力。"

Q：翻新老宅花费的费用和时间？
A：不到100平方米的室内空间，开店时的花费约300万，其中家具的花费就占了一半。

3

（3）台南建筑中常见的天井，在这里成了一个包厢。
（4）店主最自豪的特调饮料，是吸引常客的主要原因。

4

Q：翻新老宅时有哪些注意事项？遇到困难时如何解决？

A：第一是漏水问题，所以在原来的屋瓦上加上钢板以防水。二是木结构老房子很容易受到白蚁侵袭，我们又不愿意用化学药剂除虫，主要考虑的是食品安全，不希望客人直接接触到除虫剂，因此选择用比较保险的方式，就是让空间保持干燥。

Suck 所在的这栋房子外观保持良好，二、三楼有外伸阳台，阳台上长方形镂空处装饰着菱形雕花铁件，细节处简单而巧致，可以看出当时房主的确有地方富贾的优雅品位。在 Suck 进驻之前，这栋房子已经荒废了五六年，Calvin 回忆说，那时破旧的老宅像个鬼屋，前面只有一个几乎干涸的鱼池。这也就是为何 Calvin 会在门上贴一对门神，就是希望能趋吉避凶、讨个好彩头，没想到后来这也成了 Suck 最独特的门面。

比较可惜的是，Calvin 兄弟并非是第一个经营此处的商家，之前的经营者为了装潢，已经将部分原始空间破坏了。原来磨石子雕花的室内楼梯就被敲掉了。而原本三楼有着木造斜顶的阁楼覆着的红瓦片，在一次台风时塌掉了，于是也重新做了屋顶。

Suck 在开店初期因为经费受限，所以空间上大致保留了前任经营者留下来的设计，到了开店第五年时才进行了一次小改装，这时他们决定让房子原来的历史感发挥得更大一点。

"实际上，保留老房子原始味道的程度，与花费呈等比。"Calvin 表示，一般来说，要保留一面斑驳的老墙，就要用比较复杂的方式处理，因此刚租下这栋房子时，他们就在防水工程上下了很多工夫。

老宅的华丽再现

为了不破坏建筑本身，又节省花费，他们在装修时尽量不去改变原来的样子，运用了很多现有的东西，而不去破坏或增加结构。比如单纯利用大块的布幔遮盖，既能不破坏房子，又能营造出一种舒适高贵的情调。外观上，户外招牌也尽量低调，避免出现酒类商标，希望借此能营造多一点神秘的气氛。

125

这栋强化砖造的建筑，最大的特色是一楼3.6米的挑高，墙面上欧式的挑高窗户看起来十分典雅气派。虽然由于经营上阻隔店内高分贝音乐的需求，外面砌砖封住了窗户，但店内以灯光投射制造出一种夜晚的户外空间感，让窗户仍能保有穿透性与呼吸感。

室内装潢除了大量使用布幔之外，为了营造出一种古典中带点前卫的感觉，还使用了红色和灰色的烤漆玻璃。各个角落投射出来的效果各异，也营造出较为开阔的视觉效果。天花板则保留了原来的水泥装饰边条，原来的柱子上贴有鹅卵石，并有雕砖装饰。另外，也使用了许多珠帘，灯光上使用水晶吊灯，感觉较为华丽。

独创风格的饮酒文化

"我们最大的竞争力是在吧台，从酒水的质量到服务，让客人在舒适的环境里享受最好的餐饮质量。"2004年开店之初，Suck是台南少数几间以老宅作为营业店面的商家。虽然近几年台南的夜店变多了，在中西区以老宅经营的也不少，但Calvin对此十分乐见，他认为如果能形成群聚效应，更多各具风格特色的店家良性竞争，反而能擦出更多的火花。

"刚开始时，老宅是我们翻修时最大的难题，但它后来却也帮助我们最多。"Calvin表示，从经营的角度来看，这几年因为市场不景气，来店消费的人数锐减，还好老宅的营业空间不大，让店主省下一笔维修与人力成本。刚开始时，的确因为没有华丽的大门面去吸引大量来客，但令人庆幸的是，老宅的氛围成为Suck的特色，客人一旦造访过这里，通常都会变成熟客，都很乐意再度光临甚至呼朋引伴，带来更多客人。这也是这间店能延续下去的关键因素。 ●

Q：挑选了哪些对象用于塑造店内风格？

A：使用手工定做的家具，其中最贵的是沙发。另外，利用珠帘、布幔制造出一种隐秘感，让空间神秘又开阔。

5

6

（5）花卉、布幔与珠帘，营造出奢华
柔媚的气质。（6）柱梁间可以看到原
来建筑特有的装饰细节。

Bing Cherry Hair Salon

女孩们与老洋房的一场美感邂逅

老房子对我们来说，是一种生命的延续，也让人想要保护它。

台南

房龄 **80** 年

[店主]Semi　[店长]Cherry　[设计师]Miki　[设计师]Chris

台南小西脚圆环边上，一排弧形的建筑围绕着圆环而建，洋房内这家风格独特的美发沙龙 Bing Cherry，由三个同属金牛座的女孩子亲手打造。她们不但在这栋老洋楼中实现了开店的梦想，也亲身体验了老宅中的美感与浪漫。 text：张素雯　photo：Adward Tsai Te-Hua

〔Bing Cherry Hair Salon〕 ☞ 台南市西门路2段10号　☎（06）222－3608　🕐 周一至周六：10:00－20:00 ／周日：10:00－19:00　W tw.myblog.yahoo.com／bingcherrysalon

——台南以丰富的古迹著称，从清代的古朴庙宇、闽式民居到近代的华丽洋楼，古老的历史痕迹并未在城市化的进程中消逝，老宅们仍旧在各个角落以缓慢的频率呼吸着。

在台南旧时城市规划的五个圆环中，西边圆环的旁边就有这样一栋洋房"苏氏五间厝"，五间连栋的闽式洋房，中间一栋比两旁四栋高出一层，正面上方三角楣的装饰面上刻着"苏"字，外观带了些新巴洛克风格的特色，在圆环上几棵大树的遮掩下，很多人经过却不会注意到它。

美发设计工作空间Bing Cherry就藏身在这排白色洋房之中，店主Semi、店长Cherry、设计师Miki，三个女孩在此亲手打造了一个充满生活感的工作环境。

她们与这栋洋楼的结缘，带了点玄妙的色彩，就像Semi所说："其实是房子找到我们的。"起初这三个80后的女生对于这栋老旧的房子并没有太大兴趣，甚至第一印象是有点恐怖。但一登上二楼，她们就被两扇挑高的大窗户深深吸引了，在台南这样热闹的市区中，也有一个如此气质安静的角落，真是难以想象，于是她们决定租下来。

打造台南Loft风格的沙龙

这栋洋楼的格局较为特殊，前宽后窄，一楼设置了接待柜台，二楼则是美发区。前后空间因为保存状况的不同，翻修的工程也很不一样，再加上房东列了大概十几条不能动的东西，种种限制对设计与施工来说，有些难度。

Q：翻新老宅花费的费用和时间？

A：含美发设备有200万，确切的金额很难估计，因为很多灯具、家具都是陆续添置的。规划到翻修仅花了一个月，我们自己参与，每个人都爬在梯子上帮忙刷油漆，所以稍稍加快了进度。

（1）面对圆环的一整排落地窗，让室内拥有柔和的自然光线。
（2）白色的小阳台，充满童话的浪漫想象。

2

3

（3）木制楼梯与窗框都漆成黑色，而装饰墙面的摄影作品也以黑框装饰。（4）各种样式的木制门窗，为空间带来光线与穿透感。

4

A：因为在结构、格局上我们没有办法做太大的改变，只能在老房子的限制条件下再发挥，这是最大的难点，但同时也是一种特色。如何去强调这种特色，且不失时尚感，成为我们设计上的考验，只能以颜色、家具去营造现代氛围。

从第一次进入这栋房子，本身对于室内设计有点研究的Semi，以及两个负责现场工作的Cherry和Miki，就已经在脑海里形成了基本的店面蓝图。她们不希望有一般美发沙龙时髦、前卫却吵闹的感觉，而是想营造一种可以久留的舒适感，毕竟美发过程常需要好几个小时来完成，她们希望店里的客人能舒舒服服地待在这里，而不会急着想离开。

如何让这个老房子既能保留古典的美感，又能符合美发沙龙应该具备的时尚与设计感呢？Cherry说：＂就是凭着感觉走！＂三个女生以单纯的直觉与想法，就这样将心中完美店面的风格塑造了出来，而结果就是，一种从颓废老旧感中突显出来的个性，仿佛是纽约Loft仓库阁楼的台湾版。

这栋80高龄的楼房，基本的木结构大致保存良好，施工中最大的工程是墙壁的处理和粉刷。而这里的翻修设计也很单纯，她们没有刻意以木作做大幅装潢，而是尽量突显老宅的特色。比如让天花板的房梁结构一目了然地裸露出来；地板也保留了原来六角形的地砖。后期承租的二楼后区地板，则将以前装潢的瓷砖拆除，重新铺上水泥，让它维持较为中性、朴实的质感。

二楼前区因为保存状况颇佳，仅设置了一个支撑房顶的木制格架，区隔等候区与美发区，让两个空间彼此独立但又不会因空间小而产生压迫感，反而互通穿透。后区比较特别的是，维持了原来的木制隔间，一片片直条木板构成的墙面，让这边的气氛显得古典优雅。

设计与影像创作营造空间个性

为了营造出舒适的感觉，Bing Cherry的墙面与家具都是以米白色和暖色调为主，舍弃一般美发店常见的夸张、亮眼而冲突的色彩。二楼后区则是以黑白为主，冷调的色彩对比，风格较为强烈。此区空间较小，因此选择可移动式的茶桌，以增加空间的灵活性，镜子则选择大型几何拼贴感的设计，利

133

用镜面的反射扩大空间感，让冷感的空间多一些活泼自由的气氛。

　　作为店内主要家具的理发椅，也选择复古式的波普风格造型，是三个女孩四处去工厂寻找的。另外，为了让空间更具现代时尚感，Bing Cherry的等候区选用了好几款知名的家具与灯具，比如著名德国设计大师密斯·凡·德罗 (Mies Van der Rohe) 设计的巴塞罗那沙发椅Barcelona chair、伊姆斯夫妇 (Charles&Ray Eames) 设计的伊姆斯扶手椅、Calligaris (意大利知名家具品牌) 的透明椅Parisienne，以及Artemide (意大利知名灯具品牌) 的球形透明吊灯Miconos Tavolo等。而墙面上的黑白照片，是三个女生展现自我的影像世界，她们说："学美发的就是不喜欢和别人一样！"

玩在老宅生活里

　　三个女孩在这栋老房子里以浪漫的心情工作、生活着，这里让她们没有紧张感，生活也不拘小节，而这样的感受也反映到她们的设计创意上。"很多客人都说，我们好像是在'玩工作'！十分享受工作的感觉。"

　　"刚装修好的时候，我们自己都会觉得：哇！我们的店怎么这么漂亮！甚至不想回家。"常常有很多人只是喜欢来这里找她们聊天，这让亲自参与施工的三个年轻女孩特别有成就感。尤其是屋后的阳台，午后就成了一处舒服的乘凉地点。通过老房子，她们接触到了老建筑在材料和工艺上的用心，亲身体会到了传统价值的真诚与实在，并且开始意识到自己是在赋予老房子新的生命。

　　她们意料之外的是，一间老宅可以变得如此让人觉得亲近，更没有想到的是，原来这样的空间也可以吸引那么多的人前来，这让保护老宅的使命感在她们的心中油然而生。●

Q：挑选了哪些对象用于塑造店内风格？

A：我们特别选用了许多知名设计师设计的家具与灯具，线条简单利落，与老建筑特有的手感风格，在对比中完美地相互呼应、相互融合。

5

（5）等候区摆着舒适的设计师家具，打造成舒适的区域。
（6）在每个角落中都可以看到新旧融合产生的独特个性。

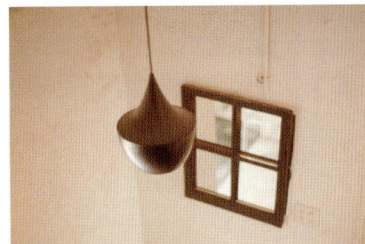

飞鱼记忆美术馆

卸除伪装的美丽与自在

这里像是寻找心灵安静的一角，找到了什么谁也不知道，只有自己看过才会明白。

〔摄影师〕Jimmy

〔造型师〕凌茵

〔门市〕慧倩 + ㄌㄨㄞ腰

〔礼服秘书〕可欣 + tutu

台南　房龄 **60** 年

历经繁华起落，台南民权路这条百年前洋楼林立的欧风街道，如今到处是老旧不堪的危楼，已不见当年充满异国情调的浪漫情怀。即便如此，飞鱼记忆美术馆的 Jimmy 与 Kelly 却在这里以不华丽、不伪装的态度与理念，用摄影帮新人们说出自己的浪漫故事。 text：张素雯　photo：Adward Tsai Te-Hua

136

〔飞鱼记忆美术馆〕 ☞ 台南市民权路二段192号 ☎（06）228－8947 ⏰ 10:30－20:00／周三休 Ⓦ www.flyingfish.com.tw

1

——说到浪漫，婚纱摄影大概集合了所有男女对爱情的浪漫想象。华丽的丝缎礼服，公主与王子般的梦幻场景，极尽唯美，超脱现世。但对于飞鱼记忆美术馆这家婚纱摄影店与这群人来说，真正的浪漫不需要如此过度的包装与华丽，而是隐藏在看似平淡的生活面貌之中，自在做自己的随意与真诚。

由一对刚过而立之年的情侣Jimmy与Kelly创立，飞鱼最早是从一个约16平方米的空间开始发迹，从没有选择余地而必须接广告设计、平面设计、商品摄影、网拍、影片剪接等各种案子，到后来因婚纱摄影做出口碑，转而专注经营婚纱摄影。

就在"八八风灾"重创台湾南部的同时，他们搬进了现在台南市民权路上的这栋废弃的老宅中。"我们选择搬进一栋旧房子，保留一些岁月的痕迹，装修成属于我们的模样。这里仍旧延续了飞鱼的生活态度，没有知名的地标，没有热闹的人潮，不华丽，不伪装，做自己想做的事情。"Kelly在网络日志上如此写道。

天井下的生活情感

搬进这栋四层楼的老洋房，Jimmy说，或许也算是一种缘分。"刚走进来时其实特别恐怖，当时这栋房子已经七八年没人使用，墙壁漆成奇怪的暗橘色，而三楼以上被弃置更久，上到三楼时就开始觉得毛骨悚然，地板有将近一厘米的灰尘。"但是在建筑的中央，有一个贯穿整栋楼的大天井，Jimmy站在天井下，感觉到了风的流动，于是这成为他决定租

Q：翻新老宅花费的费用和时间？

A：这栋房子总共四层，约560平方米，我们花了大概三个月的时间整理，因为很多都是自己动手处理，所以总共花费不到100万。

（1）贯穿整栋楼的天井，为建筑提供了大量的自然光线与流通的空气。（2）天井中的大漂流木下，是一个聚会聊天的树下空间。

2

3

4

（3）环绕着天井的夹层空间，木地板天然而舒适。
（4）猫咪的踪影和柱子上的小插画，让角落充满惊喜。

Q：翻修老宅时有哪些注意事项？遇到困难时如何解决？

A：光是漏水就处理了很长时间，我们刚搬进来时就遇到"八八风灾"，当时一个人捧着大水桶整个晚上就忙着接雨水。还有很多是无法处理的，比如四楼部分砖墙几近坍塌，毕竟并非是自购，所以只能用自己负担得起的经费尽量处理，自己用水泥和防水素材去补强。

下来的原因。

"我看过很多像这样的'鬼屋'，其实当你踏进去时，它会给你很多感受，这些感受都凝聚成一个画面。正是因为从以前到现在，我们接收过很多人给予的力量，所以现在我们希望把一个最好的空间与大家分享。"因此，和一般婚纱摄影公司不同，飞鱼店外的橱窗没有精致美丽的婚纱模特或大大的相片，而是以艺术展览作为门面。他们把前半部规划成展示空间，支持当地的创作能量，而这也是店名叫作"美术馆"的原因所在。

这栋四层楼的洋房，前半部是两栋房子，后半部是一栋房子，总共由三栋房子打通而成。挑高的一楼除了画廊区之外，还有造型室、办公空间与天井的休息空间。作为房屋中心的天井，为深邃的房屋内部带来通透的光线。Jimmy说，民权路这边的老洋房几乎都有一个天井，只是或大或小。以前的人规划房子时，不像现在这样都建得紧凑封闭，而是会留一些空间让空气对流，天井就具有让建筑呼吸的功能。

天井中间，一棵漂流木大树贯穿着三层楼，围绕着树干的一张回形桌子和几把椅子，让这里成为店内的重心。Jimmy就是想要营造一个类似老眷村里大树下的氛围，大家可以围坐在这里喝茶、聊天。这棵漂流木是"八八风灾"后从海边扛回来的，他们让这棵老树再次挺立在阳光之下，也代表着这群年轻人在此重新开始。"希望客人来到这里之后，可以和我们成为朋友，而不仅是用漂亮的婚纱吸引人。这样的情感很宝贵。"

用心打造的风格

飞鱼进驻后除了增加局部的木结构外，其他部分几乎都保留了原来的样子。他们花了一些心思用于复原，拆掉了一些感觉比较人工的装潢，恢复原始的砖墙样貌。

风格设计上，他们没有刻意去营造某种氛围，Jimmy说："就是凭直觉傻傻地去做，将心里的画面用纸笔画出来，再去找工人施工。"这栋房子在荒废之前曾用于餐厅经营，因此飞鱼在翻修时首先就拆掉或覆盖住过度装潢的部分。

比如二楼的摄影工作室，他们将一部分隔间砖墙敲掉，裸露出如同建造中的斑驳红色砖块，与悬挂在旁边的白色婚纱礼服，形成冲突中别具个性的美感。三楼以上因为曾经废置，得以保留较多原始样貌。Jimmy说，当他们刷掉了一层厚厚的灰尘后，洗石子的楼梯面露了出来，让他们有种意外收获的惊喜。除了兴趣之外，也因为拍照上的道具需求，这里陈设了一些古董家具，也装点出别样的空间氛围。

天空遨游的飞鱼

在天井的大树下，当Jimmy翻着他们2010年开始利用假期帮弱势老人拍的婚纱系列作品给我们看时，店里饲养的两只猫咪正在四处跳跃，穿梭在天井的楼梯、隔层，甚至原来老房子的通风口之间，这些小角落都是它们的探险地。

在这栋老房子里，Jimmy和Kelly以及其他的朋友们，不追求所谓的摄影风格，但他们的摄影方法绝对和其他人不同。通过婚纱摄影，帮助更多的人说出自己的故事。

刚过完五周年的飞鱼，也会休息一下，就是为了追寻一个更自由的天空。"婚纱摄影公司就像是水中的鱼，大家都在走同样的感觉、同样的步调，可是我们不想跟着其他人的脚步，而是想追求我们想要的摄影，所以只有我们有翅膀，我们想要飞出自己的天空。" ●

（5）一楼地面的木栈道与鹅卵石装饰出自然的风格。（6）以磨石子铺成的楼梯。

Q：挑选了哪些对象用于塑造店内风格？

A：在风格设计上，我们没有刻意去营造某种氛围，但白色的墙面加上石头、木头、漂流木点缀的空间，总的来说走的是比较大地风的感觉。

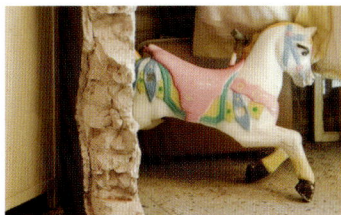

7

（7）裸露的砖墙、婚纱、旧物组成唯美的画面。
（8）顶楼天井旁可以看到花格窗装饰的女儿墙，上
方堆放着红色皮箱。（9）供摄影布景的一处空间，
有着复古的情怀。

8

9

窄门咖啡馆

咖啡香气中惬意神游的小天堂

**老宅是生命的延续，
包括空间与人的生命，
而这就是人文的所在。**

台南

房龄
90
年

［店主］Jessica

从一个每天光顾的熟客，变成这家咖啡店的店主，就是因为贪婪窗外的那片绿意。为了保存这幅美景与这样的人文氛围，窄门店主Jessica通过还原老宅的原貌，重新唤回这家咖啡店独特的魅力，吸引更多的人来接触人文与历史，让老空间活出新生命。text：张素雯　photo：Adward Tsai Te-Hua

〔窄门咖啡馆〕 台南市南门路67号2楼 ☎ （06）211 - 0508 🕐 周一至周五：11:00 - 23:30 ／周六、周日：
09:00 - 24:00 Ⓦ www.facebook.com/narrowdoor99

——人说醉翁之意不在酒，而泡咖啡馆的目的自然也不仅仅是为了一杯咖啡。伴着窗外孔庙院落里的浓浓绿意与明亮的午后阳光，在轻爵士的背景音乐中，随意翻翻手中的书本，如此慵懒地度过一整个下午……自手里杯中飘来的香味，比咖啡更浓厚的，其实是古都醇香的人文芬芳。

　　说到台南的咖啡店，最负盛名的应该就是孔庙旁的这家窄门咖啡馆。取名为窄门，是因为它的入口是一个宽仅38厘米的缝隙，像是为这个小天堂筛选顾客。侧身钻进这段其实是两栋楼之间的夹缝后，就像缩小的爱丽丝进入童话故事中的奇妙花园探险一般，柳暗花明又一村，一个开阔明亮的空间出现在眼前，再踏上通往二楼的楼梯，小巧却生意盎然的绿色庭院在这里自成一个小世界。

因为一片绿意而开始

　　这栋两层楼洋房最初是一个医生盖的房子，在移民海外后转手给现任房主，房主将房子分割成一楼两个门面和二楼一个门面出租，因此二楼没有独立的对外出入口，经由后面的小花园，自两栋楼房的间隙中取道，从而形成现在的"窄门"特色。

　　曾经是舞蹈教室、酒吧、手工艺品店、普通住家，几十年来，这个二楼空间因承租者的变化，使用方式也不尽相同。而Jessica在2000年顶下这个店面时，它就已经是个咖啡店了。

1

Q：翻新老宅花费的费用和时间？

A：大概花了一个月的时间翻修，总共工程花费近百万台币。很多都是沿用之前的建材，节约了很多成本，因此主要是工钱，经朋友介绍工程队，也节省了一大半的开销。

（1）彩色的墙壁和门框加上花布窗帘，让店内充满民族风。
（2）通往二楼花园的小楼梯。

3

（3）面对孔庙一片绿意的这整面窗户，是店主决定接下这家咖啡店的主要原因。（4）店主将出国旅游收集的各色纪念品，加上自己的奇思妙想，布置出充满异国情调的氛围。

4

Q：翻修老宅时有哪些注意事项？遇到困难时如何解决？

A：第一要重视的就是基础结构，不但关系到安全，也是尊重老房子的基础。为了彻底解决房子本身的
问题，房顶和地板全都拆掉，将里面腐朽的部分替换掉。还有防漏也是一项比较麻烦的工程。

来自台中的Jessica曾经是个美语教师，因为喜欢台南缓慢悠闲的步调而被吸引至台南工作，并定居了下来。由于备课需要一个安静的环境，当时的她常来孔庙旁的这个咖啡厅，一坐就是一整个下午。她说特别喜欢窗前的这片景致，因此，当听到原来的店主说要转让咖啡店时，想着："天啊！多么划算，花那么点钱居然可以买到一个忘忧的午后！"于是毫不犹豫地接手经营这家咖啡店。

混搭的老宅魅力

接手咖啡店后，Jessica的第一个工作，就是重新整修这个老旧的空间。为了尽量还原这栋旧时的仿西式洋房的原貌，Jessica还特别考证过。这里外观最特殊的窗框是属于19世纪的鄂图曼样式，她说一次在土耳其番红花城这个重要的世界遗产景点旅游时，惊喜地发现城里咖啡屋的窗户和这里简直是一模一样！

"我喜欢老东西和老房子，不想毁掉老房子的原貌，而是想原始呈现。和一般商业空间再造的理念不同，很多可能是新旧杂陈，但我做的是整个复原。"当然，要还原已经老旧的建筑并不容易，她通过各种途径寻求协助，找老师傅以原始的工艺翻修。因为之前的承租者没有保养老旧的建筑结构，所以翻修工程十分浩大。将地板腐朽的福州杉木骨架全部抽换掉，再将原来的桧木表面覆盖其上，大部分的费用都花在这些维护房屋构造的工程上。

"咖啡馆的目的是让人放松，必须加入很多要素，包括空间、动线、音乐、灯光，以及自然的阳光，是营造整个环境。"在这样的概念下，Jessica在动线规划上并没有大变化，除了因为一些施工中出现的许多不可预期的变

数，以及打通部分隔间，拆掉原来的日式拉门之外，她尽量保持房屋的原貌。甚至，为了让客人看到的窗景视野不被破坏，还自掏腰包帮邻居重做招牌。

细节上，她依据自己的个性与喜好，赋予这栋老建筑以新的味道。她觉得老房子要有温馨的感觉，因此壁面颜色选择了鹅黄色，让老房子不至于显得沧桑。喜爱旅游的Jessica，也用她从世界各地带回来的工艺品装点这个空间。东南亚、欧洲以及本地的工艺品，多元、跨时代的风格混搭，却与这个老空间"混得很和谐"。

咖啡店里的人性体验

"我开店的初衷并不是美食，而是这栋房子。因此也希望来这边的客人，能同样珍惜文化资源，注意到这里的文化特色。"Jessica表示，这家咖啡店并非以美食为诉求，而是以风景与老宅气氛为特色。而十年来的咖啡店经营，最大的收获就是让她变成了咖啡达人。在这里她遇到了各式各样的客人，看到了各样的人性面貌，让她在地方电台主持节目时，永远不缺话题。"咖啡店就是一个小型的社会，每天泡在咖啡店里，我才终于理解作家为何喜欢窝在咖啡馆中，因为可以观察到各种人性，生活也变得很有趣！"

个性爽朗、说话直接的Jessica，开的咖啡店也很有她个人的味道。她认为一家有魅力的咖啡店就像人一样，并不只是因为长得好看而吸引人，而是能散发出独特的个人气质。自诩为这个秘密花园的园丁，她坚定地守护着这家小店，即使过程并不总是顺遂愉快，但，只要能穿越这道窄门，迎面而来的不就是属于自己的天堂吗？ ●

Q：挑选了哪些对象用于塑造店内风格？

A：咖啡馆最重要的是光源，因此在灯具的选择上花了一番心思。除此之外，各地收集来的大量工艺品，点缀着空间的各个角落，呈现出混搭的异国风情。

5

6

（5）温暖的色彩营造出舒适的氛围。
（6）店主的各色收藏都穿戴着不同时
代的流行回忆。

G 三合院建筑　El Patio del Cielo　　　　　　19

天空的院子

以年轻的理想为老院落注入新生命

把我的生命，
变成老房子的生命。

南投　房龄 **105** 年

〔店主〕何培钧

在南投竹山海拔800米的高山上，一座荒废40年的三合院，因为与一位26岁年轻人的邂逅，谱写出了一段充满励志色彩的动人故事。年轻人凭借着满腔热情，让荒芜老宅摇身一变，成为一个融入自然美景中的民宿山庄，成为一个年轻人梦想缘起的可能。 text : 张素雯　photo : Adward Tsai Te-Hua

〔天空的院子〕 ☞ 南投县竹山镇大鞍里顶林路562之1号 ☎ 0937－748201 🕐 入住：16:00之前 ／离店：次日 11:00之前 Ⓦ www.sky-yard.com

1

（1）院子前的花园造景，将原本猪圈使用的石材用作阶梯与栏杆。（2）围绕着房舍的绿色院落，与周围的竹林和谐相融。

2

——蜿蜒的山路随着山势的起伏盘绕着，浓密的树木与竹林将视线染成一片翠绿，在不断重复的一道道弯路之后，视野也渐渐开阔，美丽的群山在眼前展露无遗。在赞叹着山峻之美时，已然到达了海拔800米高的山顶，感觉车子就要冲上云端，以致差点错过了立在山边的招牌"天空的院子"。

进入民宿的铁门之后，还要爬上一段陡坡，才会看到隐藏在一片竹林之后的这片建筑群。由四栋房子组成的三合院，包围着一个宽阔的广场，广场下方的石阶下是两洼小池塘，几棵柳树随着微风摇曳着。建筑外观是闽式风格中混杂着日本传统建筑的风味；墙面下半部是由台湾传统建筑常见的红砖堆砌而成，而上部则是类似日式房舍的白色土壁，两者融合成一种朴实中带着典雅的气质。

在竹林的遮蔽下，外面的人看不见这个神秘的院落，可是从这里却可以看得非常远。踏上石头砌成的阶梯，绕至房舍后的平台上，就可以眺望整个大鞍山区，还可以看到远处鹿谷的房子。据说冬季时北风吹来，会在山谷里集成两道下冲的云瀑，早晨就在院子前方的山谷中汇合成一个云之湖。

老宅与年轻人的邂逅

这个大宅院至今已有百年历史，而院子的主人何培钧刚过而立之年。他回忆大二时意外发现的这座山中废弃的荒芜院落，感触强烈，让他立志用自己的生命重新找回它的价值。

Q：翻新老宅花费的费用和时间？

A：共花了1200万，用了一年的时间整理、翻修。尽量自己动手以减少开支，比如自己补墙壁、钉桌子、刨木头。

155

3

（3）红色的砖墙和白色的土墙，与深色的木结构，构成和谐的建筑外观。
（4）屋檐下的阳台，让房客与自然环境有更多的接触。

4

"也就是把我的生命变成它的生命。"于是，这个偶然的邂逅，改变了这个年轻人和一个老院落的未来。

2005年何培钧完成学业并服完兵役后，联络到这座院落的七位房主，将其买下，并开始为期一年的整修工作。当时的他仅26岁。"回想起来，会觉得自己竟然曾经做过这样一件疯狂的事情！"历经家族革命、四处奔波贷款筹钱的过程后，他偕同热爱建筑的医生表哥开始翻新院子，但这个工程并不简单，是整个庄园院落的重新规划整理。

决定在此经营民宿后，虽然秉持的原则是老房子该留的一定要留下来，但他又不希望一味地仿古，使之成为民俗公园，因此最后他和表哥决定建筑外观保持传统的样貌，而内部则使用现代化设备，以让客人能居住舒适。但传统与现代共处一室的概念，也成为修缮中最大的问题，毕竟要将现代化设备放入百年建筑里，有一定的难度。比如要加浴缸，可老房子里却没有相应的管道系统，重新铺设又不能破坏原始的墙壁面貌，必须用更复杂的工艺来埋设管道。这样花费的金钱与力气就会更多。"但只要想到这是自己的理想，就不会吝啬了。因为它在十年后、二十年后仍然有意义。"

"施工过程中的最大瓶颈，就是如何在要和不要之间做出最佳的选择。"因此，取舍反而是翻修过程中最难的部分，中间一度停工了三个月，就为了评估工程的必要性。何培钧说，翻修的过程中，设计可能会随时间、经验而变化，但核心价值是不变的。"以设计来说，这里或许不是最好的，但它反映了我们当时的一些想法与态度。"

在翻修这个偌大的院子的过程中，从庭院造景到家具，不少都是兄弟俩亲手打造的，他们大量使用原来的旧建材，比如栏杆的石条是原来猪圈的围墙，而原来房顶的瓦片则成为现在的排水道。整个院落有3000平方米，有四人房两间、双人房四间，没有加盖任何房间，即使满客也才住16个人，与原来老宅院里的使用者相比少了一半，就是希望住在这里的人可以享受完全的安静，体验这里的山居生活。

老宅的生命起点

"当初我第一眼看到这个建筑，并不是用一个终点来思考，感叹两句'台湾都是这样'后就离开，而是看到了一个起点。为什么有这个起点，是因为我看到了它的过往，看到了能让它延续下去的本质，这也是目前为止我们对它的批注。"

何培钧认为，这个院子并不仅是一个民宿，来访的人也不仅仅在此享受美景与旅行，而是通过在老宅中的体验，回想起自己遗失的记忆与感受，重新思考生活的价值，思考人生，而这样的意义远大于经营的成果。

六年来，从负债经营到媒体争相采访，就是因为坚持与不断地突破，并寻求新的可能。对何培钧和表哥两人来说，天空的院子是他们实现理想与生活信仰的地方。何培钧在2010年成立了小镇文创公司，就是希望将这样的信仰推广到社区的各个层次中。

"我最近的感悟是，我没有办法永远拥有它，只能在有生之年暂时地拥有。有一天当我们离开时，也会像现在一样，换新的人进来，但是在来去的过程中，我们都可以表达属于自己这个时代的价值。"●

Q：挑选了哪些对象用于塑造店内风格？

A：我们选用自然风格的木制或藤编家具，有些是自己手工制作的，有些是买来的。灯具则来自宜家，以朴素简单的设计风格为原则。

5

6

（5）斜房顶与红色砖墙，乡间生活可以很朴实也很舒适。
（6）每个细节中都有两兄弟投入的细腻心思。

佳佳西市场文化旅店

从客房延续至旅程的深度文化体验

**保留原本的老建筑，
环境中的灵感
赋予设计新的创意。**

〔主持人〕刘国沧　〔总经理〕蔡佩烜　〔管理顾问〕苏国垚　〔文化领队〕王浩一

台南　房龄 **30** 年

这里不仅是一家旅店，也是一个长期展览、生活的艺术实验，佳佳西市场文化旅店的四位创始人刘国沧、蔡佩烜、苏国垚、王浩一组成的梦幻团队，将建筑与空间设计结合饭店管理、主题旅游策划，让老饭店重生，也让台南的文化创意多了一个发言平台。text：张素雯　photo：Adward Tsai Te-Hua

〔佳佳西市场文化旅店〕 ☞ 台南市中西区正兴街11号 ☎（06）220－9866 ⏰ 入住：15:00之前／离店：次日 12:00
之前 ⓦ jj-w.hotel.com.tw

——走过台南正兴街这条小小的街道，佳佳西市场文化旅店鹤立鸡群般地矗立在眼前开阔的广场上，整栋白色的八层楼建筑，在一片灰色的三四层老透天中显得特别醒目。建筑立面上，一个个凸出的窗台有着童话风格的造型，以充满趣味的比例重新勾勒出台湾公寓铁窗的景观特色。绕到建筑的另一边，玻璃帷幕包裹下的楼梯间，映照着旁边一棵三层楼高百年老榕树的剪影，这一画面构成了佳佳旅店大门上铁铸招牌的图案，也反映出旅店的核心价值——建筑与环境的互动关系。

佳佳饭店对许多老台南人来说都不陌生，这个曾在上世纪80年代风光一时的老字号饭店，曾经是电影《小城故事》当红影星们的下榻之处，走过了30个年头却不敌潮流的更迭，于是在数年前吹响了熄灯号。工作室就在附近的建筑师刘国沧，因为不舍这个充满记忆的老饭店消失，集结了几个志同道合的朋友集资买下了这座老饭店。

"佳佳是我们共同的愿望，是我们想要拥有的作品。"打开联合文化旅店的总经理，也参与了佳佳旅店室内设计的建筑师蔡佩烜说，作为建筑师，总是在帮别人设计，设计完成后交还给房主，有时因为经营者空间的规划、维护问题，或因为经营不善，建筑师的作品失去了原来的味道，甚至就此消失不见。因此，设计并经营佳佳饭店便成为刘国沧与打开联合设计团队实现理想的机会。

接下旅店后，大家对这个地方充满想象。团队初步的想法是打造一个出租设计师工作室或艺术村的概念，或是做成一个

1

Q：翻新老宅花费的费用和时间？

A：每层使用面积约为200平方米，总共有地下一层与地上八层，从规划到施工完成花了约两年半的时间，其中施工花了一年。翻修花费很难估算，因为目前还在继续改造中，如果单算建筑体本身，为3000万~4000万。

（1）凸出墙面的窗台，成为建筑外观一处有趣的景致。
（2）一楼大厅墙面用铁窗改造成一个风格独具的架子。

3

（3）～（5）二楼"树桌"概念的起居室，这个凸出建筑的桌面，与外面的老树、老街相互呼应，而旁边楼梯间的镜面设计，也呼应这个主体，将户外的树影反射进来。

4

5

Q：翻新老宅时有哪些注意事项？遇到困难时如何解决？

A：这栋建筑与一般旅店不同，没有标准的房间规格，所以每个房间的翻修工艺都无法复制。另外，因为每个房间都设定了不同的主题，因此，思考与施工也会有不一样的问题。而且这栋建筑已经是一栋荒废的建筑，停业两年多，因此要重新使用时，也必须再次与邻居沟通。

融入创意的出租公寓。就在讨论这几个方案时，台南大亿丽致酒店总经理苏国垚也加入了这个计划。在这位饭店经营达人的建议下，终于决定以设计旅店的概念，邀请艺术家与设计师一起重新打造这一建筑空间。

与大树对话的建筑

建筑主体设计上，刘国沧的设计概念围绕着两大主题：环保与环境的再利用。也就是保留老建筑，从环境中寻找灵感。台南从前城市富裕，大家都是自己盖房子，窗户就随自己喜爱的形式设置，没有批量制作的产品。苏国垚有次早上散步街头时，发现台南每个窗户都不一样，于是向刘国沧提议："我们来弄个窗屋好了。"而这也就成为佳佳旅店外观创意的由来，各式窗户凸出于建筑之外，有装置艺术的意味，也是自建筑之外延伸出想象的空间。

建筑侧面的楼梯间整个打开，设计成透明的样式，是希望建筑体与户外的百年大榕树可以产生联系。二楼至三楼楼梯间的镜面设计，由日本设计师藤本壮介所作。2010年代表日本馆参展威尼斯建筑双年展的这位新一代建筑师，将楼梯间的墙面打掉，换成玻璃墙面，希望能把光引进来，再利用镜面钢的设计，反射出树木的意象，将它带入室内，打造成恍如在树梢上走路的感觉，并且让空间反射出充满变化与虚实不定的奇妙触感。

不仅与户外的自然环境呼应，建筑内部也试图营造自然的空气流动感。建筑中间有几个挑高的天井，是为空气循环设计的，避免建筑内产生老旧、沉滞的气味，气体可以在空间中流动。为了纪念在佳佳旅店建立前曾经矗立此处的一棵大树，他们邀请原住民艺术家拉黑子·达利夫在天井处，以漂流木创作《露水》，也让参观者近距离感受树木的气息。

房间中的历史情境

　　"做这个旅馆的理由，就是希望文化、创意和旅馆联结，而这个旅馆最重要的任务，就是成为这样的一个平台。"众人都希望将佳佳旅店打造成台南的对外发言平台，让来台南旅游的人不再只是走马观花地逛古迹，而是能更深入地了解当地的历史文化与生活。

　　由于旅店房间不多，除了以建筑与空间本身的设计特色为卖点外，他们决定以套装旅游的方式，邀请《慢食府城》的作者王浩一参与计划，为旅客策划府城深度旅行，设计了十种玩乐台南的旅游主题。于是，旅店提供的不仅仅是住宿，还让文化旅游的情境可以从每间客房向外延伸，反映在整个旅游的行程中。

　　而这些房间风格独具故事情境，第一波的"记忆非家"就是与深度文化旅游行程呼应的十个主题房间。如讲述昔日府城经济重要的五条港故事的"水巷船房"、以旅店旁的西市场布庄为设计精神的"红娘布房"，或是述说台湾府城最早书苑故事的"崇文书房"……这些客房的主题设计，让旅客能从早到晚完全沉浸在深度的文化体验里。第二波主题在2011年夏天启动，邀请包括蔡明亮、李康生、庞铣在内的涵盖电影导演、演员、音乐家、主持人、艺评人、产品设计师等职业的12位创意人参与设计主题，并在旅店中举办展览，而之后的设计就是旅店的新主题房。●

（5）除了故事主题的房间，其他房间则是"邂逅原型"，简单素雅的设计提供的是绝对的舒适度。

Q：挑选了哪些对象用于塑造店内风格？

A：在公共空间与房间中，许多国内外设计师家具被带入这个创意平台，包括刘国沧的概念家具、泰国设计师Anon的铝合金铸造家具、有情门家具……选择的家具并不是国际知名的大品牌，而是与佳佳的理念契合的设计，并为旅客提供感受设计的机会。另外，还有一些是邻居馈赠的旧家具，与当代设计并列产生了一种耐人寻味的冲突感。

（6）~（8）二楼的起居室与顶楼的"水塔下派对区"，为入住者提供了更多的活动空间与功能，而各式艺术家设计的特色家具，自然是空间中的主角。

6

7

8

活化非革命，
是为保留而努力？

II

老宅翻新 Workbook
Must Know & Don't Do Tips

　　什么才是有潜力的老宅？许多人不约而同说："空间能不能感动你就是最好的判定标准。"老宅活化不是敲墙拆壁的土木工程，从格局、用料，到建造方式，老宅都有自己的脾气，改造过头不但失了味道，也破坏了根本。我认为，老宅活化必须建立在彼此的平等与尊重上：不勉强老宅改变格局，也千万不要将就选择非你"真爱"的老宅——这样你才能为保留喜爱的事物尽心尽力。

　　大概是看了许多室内装修的书籍，对于老宅改造，很难不往室内装潢的装饰工程方面想。然而，老宅活化的方式只此一途？我想不尽然。活化老宅是一件很有意思的事情，不少人为老空间带入了新观念，把旧百货店变成艺廊、把古合院变成民宿，或者把老医院变成工作室。当旧时记忆和正发生的活动在房子内交错，空间就会变得很丰富，引人入胜。

　　除此之外，越有年纪的老宅沉淀的历史越厚，修复者究竟要追溯到哪个时期值得探究。有人舍老就新；也有人将新老交错成前卫感空间；而有的人索性保留颓圮模样，呈现废墟建筑美学，或者，整复到某一时期，让建筑停留在那一刻。

　　结构补强、水电管线更新、风格定位，以及可能遇到的各种修补问题，本章试图从实务的角度切入，集合专家们提出的各种变通方式，帮助读者了解活化工艺的基础知识，同时解开对于老宅活化的各种疑问。也许，改造老房子没有想象中那么难，即使不是设计师的你也能办到。

工艺篇

老宅翻新
Step by Step 怎么做？

A

检视——发掘有潜力的老房子！

什么是有意思的空间？
简单来说，就是这房子有感动你的地方。

○**确认建材** 有一句话是"动工就是问题的开始"，除了砖造、木结构的老宅，还有一些是混合了木料、米糠、布料等多种材料建成。在讨论设计之前，最好局部拆开墙筋，确认建筑的原始材料，才有时间找寻修复的方式。

○**会说故事** 老宅与二手房不同，一般认为要经过一代人以上的房子才可以称为老宅。有一定时间的累积，空间才会有足够的故事去感动人。此外，老宅如果曾是名人故居则具有历史价值，自然具有相应的保存价值。

○**文化样式** 房子反映了某个年代的重要建筑样式，会让老宅的保存价值更高，如日式洋房、旧时官邸、美军宿舍、闽式合院、土角厝（泥屋）等。

○**掌握预算** 规模较大的古厝整修，预算评估时至少要有一名有工程概念的专家参与，整合结构、水电、木工、屋瓦等各种工程队，在购房之前即可让各种不同工种先行评估，明确结构的损毁程度、是否存在修复的可能；同时也能估算出活化的基本预算。

○**规定与建筑许可** 老宅历史悠久，可能多次易主，购置前务必清查产权，了解房屋和土地的登记状况，以及哪部分为增建。如果要作为商业用途，则要特别注意是否经过相关部门的批准。

○**布局趣味** 多数老宅并非由建筑师设计的，而是出自普通工匠之手，因此也表现出了有趣的格局，如拼搭增建、天井、合院、阁楼等。找老房子时不妨观察老宅的布局是否有趣。

○**屋况评估** 老宅的修缮支出绝大部分在于结构修复，购买老宅之前最好请专家先对老宅的保存状况进行评估，确认是否有修复的可能。结构的受损程度也能通过简单目测初步判断，如果基础不均匀、柱子严重损坏、严重倾斜、墙角有严重裂缝等，大多存在结构问题。

171

B

显露真貌——**坦诚相见，找到房子的优缺点！**

嘿！大改特改之前，

不如先找到房子可以保留的地方吧。

○**观察** 改造老宅前要先彻底了解，再进行设计。不妨带睡袋在老宅中住一段时间，观察空气和光线的关系，看哪些优点可以保留，哪些缺点需要改进。这些记录很可能会影响日后挑选建材的考虑。

○**创新** 木结构部分可以用齿轮刨削，露出房子原本的质地。而原先的房顶木架，只要重新上漆、打灯，就可以突显结构美感，展露原始张力和历史感。

○**清洗** 改造前可以请修复古迹的专业人士清洗墙面，还原建筑的本色。有时会发现历史留下的痕迹，如有意思的涂鸦、标语或带有特殊纹理的地砖等。

C

结构补强——设计之前，先固本！

结构不稳固的老建筑，适当使用钢结构进行补强是不错的做法。

○**抽换补强法** 木结构部分，如果结构状态良好，只有单支木梁损坏，可以直接抽换。有些房顶木架仅承受瓦片的重量，甚至不需要额外用钢架支撑就能直接进行抽换。

○**桌子型补强法** 建筑的楼板，可在底层四角使用钢结构支架，如同撑起一张大桌面一样，辅助原始梁柱系统。无论房屋状况多糟糕的建筑，都可以使用这种方法保留原貌。固定钢结构时，要留意地面基础或原始地板是否牢固。

○**口字形补强法** 隔户墙往往具有承重功能，如果因打通连栋建筑而不慎拆除，建议利用H型钢材以口字形框在原本墙面的位置，补强结构。

○**第二套结构法** 严重损坏的木结构建筑，可以在重点承重的柱子旁边，增加一根新的钢柱，再以装饰材料包覆修饰。如此一来就能代替原有柱子承重，即使不拆解、抽换柱子，也能保留很多东西。省时省力，节省费用。

○**不随便敲打** 许多使用者往往把老宅改造视为装潢，任意敲掉墙面。但老宅结构脆弱，即使是非承重结构也可能影响到整个建筑的强度，拆除前务必先请专家评估。如果能善用原有格局进行改造则是较好的选择。

○**拆卸组装法** 适于木结构建筑。木结构建筑是将立柱、木梁、墙筋等，以钉或榫组合而成。所以，对于结构状态不佳的木结构建筑，修复时可以将这些构件一一拆解，换掉腐坏的木梁与柱体，再重新组装。但这种修复方式花费不菲，除了拆解与抽换木料的费用外，重新组装的过程相当于重新盖一栋房子，一般多用于古迹修复。

173

D

水电设备——与现代生活共存的关键！

让老房子获得新功能，更换水电管线是重要的必修课程。

○**系统明管** 砖造建筑或混凝土建筑，埋在结构内的管线只能靠敲墙更新。如果不想破坏建筑物的表面，可以铺设明线（管道外露）。只要系统地规划走线，裸露的管线就不会影响老房子的氛围，并且方便维修。

○**自造管道间** 以前没有空调，建筑内外自然没有预留空调的摆放位置，当然也没有走线的管道间。如果房间空间够用，不妨在角落做一个管道间，隐藏凌乱的管线，并预留检修口方便维修。

○**定做水管** 完全没有水电的古厝，因为无法像新建筑那样重新砌墙入管线，又不想敲掉古厝原本的墙面，所以必须详细定位设备位置与墙面开口，并依此设计管线的形状。如将热水管烧制成U型，从墙洞绕进室内，并在墙壁上挖浅凹槽，将水管压入，水泥打底、铺上瓷砖后即可完成。

○**吊挂式设计** 大范围的空间，如果房梁结构良好，可以定做金属架直接吊挂于木梁上，成为局部天花板。不但方便设置采光照明和管道走线，也能保留原本的结构之美。

○**柜体隐藏法** 隐藏空调设备的难度较高，因为空调体积大，必须做一些遮蔽。设计与房子风格相称的柜体，是用来隐藏大型设备的好方法。

○**绝缘子布线法** 完全没有预埋电线的老厝，一般多采用电线压条布线，但用量过多会破坏整体美感，建议使用绝缘子。它能隔开电线，避免交叉导电；沿着木梁定位，又为电线提供了缠绕点，从上牵入每个房间。

○**第二套系统** 如果管线老化无法使用，但又不想破坏墙面，可以以明管的方式建立第二套系统取代之前的管线系统。废弃的管线也可以不拆除，留着当时的痕迹可能也很有意思。

○**测试** 水电管路埋在墙中的钢筋混凝土或砖造建筑，一般可以直接抽换电线，但更新老旧的水管是较大的问题。检修前，不妨先请专业水电师傅灌水检测水管是否畅通，再考虑哪些必须更换。

○**地面隐藏法** 地板下方是用来隐藏设备最好的地方，只要将地板架高就成了最好的管道间。不过老房子容易藏匿老鼠，一定要用塑料管包好电线，避免被老鼠啃咬。此外，如果是地面为泥地的老厝，则可以挖开地面布管线。

○**板墙隐藏法** 木结构建筑的墙壁是先用柱与角材搭起骨架后，再铺上板材建成，中空的墙心如同管道间，便于水电管线更新。

E

局部修补——墙面、地板、天花板的疑难杂解！

老宅修复就是『耐心大考验』。

一边施工、一边调整设计，有时还要停下来找方法，

○ **隔离法** 如果墙壁已经老旧到无法修补，如严重剥落、粉尘四散等，但又希望能保持原来的样貌，可以用透明玻璃框裱局部墙面，使其成为展示装置，也可以用各种材料隔离，如铁窗、木格栅等。随风格发挥创意，让人既可以看到房屋斑驳的原貌，又不至于弄脏自己。

○ **地板更新** 有些老宅历经多次装修，地板早已支离破碎，失去了保存价值，必须更新。地板选择很多，可依喜好、风格与用途，铺上木地板、水泥等材料，也可以铲除旧的地板，重新铺上石材或瓷砖。

○ **改善采光** 连栋街屋中的老宅，往往因隔局狭长而采光不足。如果有中庭，建议利用玻璃罩增加采光，或使用清玻璃、雾玻璃隔间，让光线深入房间；房顶部分则可以定制玻璃瓦，在重点处使用，增加空间自然采光。

○ **坍塌转化** 有些老宅已经破败得连房顶都没有了。不过，有时坍塌也是一种趣味，可以局部复原房顶，保留部分坍塌，改造成有意思的内院。

○ **粗糠墙修复法** 许多老厝的墙壁是用粗糠、竹条与泥土混合制成。古工艺施工时是整面墙的竹条放在地上编好后再立起来组装，因此针对破损处进行修补时，修补材除了补土、石灰外，还必须调入白浆糊，才有足够的黏度抓牢纤维，避免干燥后出现龟裂。

○ **砖墙修补** 砖砌建筑（尤其是古迹），由于以前的砖配比与现代不同，较精致的修复方法是请工厂依照建筑原有的砖的配比定制。

○ **阻隔粉尘** 砖墙斑驳的感觉相当好，有时会让人想故意留一道，但时间久了容易产生粉尘。如果想要保留这样的质感，又不想使用会让表面产生违和光泽感的透明保护漆，建议用色拉油混合水擦拭，就可以保留老砖墙古旧温润的感觉。

○ **透明地板** 古时用的小口砖经常别具风味，遇到地砖破碎、发黑等不良状况时，可以直接铺上透明的环氧树脂地板，既能保持整洁又能呈现原貌。还可以使用强化玻璃架高地面，人走在上方就能透视下方。

175

F

抓漏——滴滴答答，老宅永远的痛！

不论新旧建筑，漏水问题往往出于结构，建议下雨天多去看几次，确认哪里有漏水需要修补。

○**地面渗水** 一楼地板的地面如果出现渗水问题，可以用金属结构与强化玻璃架高地板。

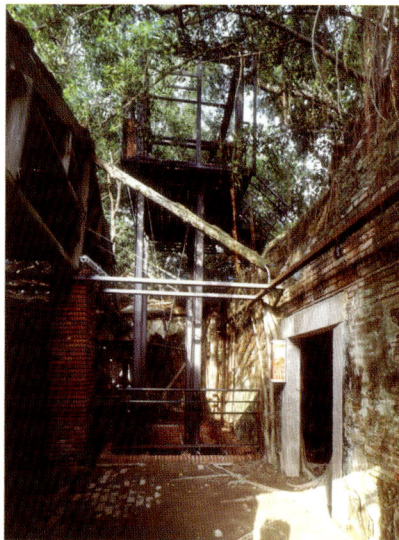

○**屋树共生** 有老树长在老建筑上，虽然树根会破坏房顶以致漏水，却是建筑的特色之一。目前尚未找到建筑与树相生的方法，但可以在房顶下设置水盘解决漏水问题。

○**湿气退散** 如果老房子的湿气较重，在规划上可将非结构部分的墙壁敲开，扩大空间，使之宽敞通透，同时尽量恢复废弃的窗或门，以引入户外空气对流。

○**双层墙** 无论是砖造还是木结构的房子，房顶的边缘通常都是漏水问题的源头。建议在室内增加一道墙，让内墙退缩，避免雨水从楼层间的结构交接处渗漏进来。

○**房顶防水** 如果木造老房子的房顶存在渗水、漏水问题，可以在原来的屋瓦上加上钢板防水。

G

风格营造——勿过度改造，避免老宅变『新房』！

掌握新旧搭配的关键，展现老空间的当代价值。

○**气氛营造** 老宅本身拥有岁月感，搭配不同年代的老物件，就能轻易创造属于不同时代的怀旧感。如果不想气氛太过沉重，可以搭配简单利落的北欧风家具或现代家具，对比出清爽新颖的感觉。

○**小批购买** 新建材的介入可能会改变老宅本身的氛围，单一建材搭配起来看似不错，铺设后整体感觉全然不同的情况经常发生。建议在选择建材时，先小批购买、试铺，多看几次，感觉和谐再大批采购与施工。

○**保留原味** 虽然老宅使用的建材已经过时，但新旧搭配起来却别具风情，尤其是绝版品，保留价值更高，如早期经常使用的绿色蛇纹大理石是台湾的特产石材，现今价格昂贵。此外，像旧时铁匠打造的带有窗花的铁窗、小口砖、六角形陶砖、拼花木地板等，可以先不急着拆除或掩盖，如果能搭配出新风格，也能省去大笔预算。

○**废料再利用** 有些老宅翻修过程中拆除的建材可以重新利用，如原来猪圈的围墙转化为栏杆的石条、房顶的瓦片作为排水道、铁窗变成置杯架、木地板拼成门板……使用再利用方式打造独特的家具、家饰，也是新旧兼容的技巧。

○**善用布料** 布料是施工最便利且多变的建材，除了窗户和门扉外，墙面也可以利用布料装饰，转换空间风格。如布幔可以带来古典氛围；碎花布则有浓浓的台湾味；来自云南的布料则带有特殊的民族风。可以依照心情或节日随时变化，对于承租的房屋来说，是不错的改造方式。

图书在版编目(CIP)数据

老空间心设计/张素雯，李昭融，李佳芳著；
Adward Tsai Te-Hua摄影.－海口：南海出版公司，
2013.10
　ISBN 978－7－5442－6753－3

　Ⅰ.①老… 　Ⅱ.①张…②李…③李…④A… 　Ⅲ.①
室内装饰设计－作品集－中国－现代 　Ⅳ.①TU238

　中国版本图书馆CIP数据核字(2013)第197505号

著作权合同登记号　图字：30－2013－162
老空间心设计 © 2011 张素雯，李昭融，李佳芳；摄影：Adward Tsai Te-Hua
中文简体字版 © 2013 新经典文化有限公司
由大雁文化事业股份有限公司 原点出版事业部 独家授权出版

老空间心设计

张素雯 李昭融 李佳芳 著
Adward Tsai Te-Hua 摄影

出　　版　南海出版公司　　(0898)66568511

发　　行　新经典文化有限公司
　　　　　电话(010)68423599　邮箱 editor@readinglife.com
经　　销　新华书店

责任编辑　崔莲花
特邀编辑　余雯婧
装帧设计　徐　蕊
内文制作　博远文化

印　　刷　北京朗翔印刷有限公司
开　　本　710毫米×1000毫米　1/16
印　　张　11.25
字　　数　200千
版　　次　2013年10月第1版
　　　　　2013年10月第1次印刷
书　　号　ISBN 978－7－5442－6753－3
定　　价　49.00元